I0064316

Elektrostatische Generatoren

von

Dr. Ulrich Neubert

Institut für Motorenforschung der Luftfahrtforschungsanstalt
Hermann Göring, Braunschweig

Mit 130 Bildern

München und Berlin 1942
Verlag von R. Oldenbourg

Druck von R. Oldenbourg, München
Printed in Germany

Vorwort.

Lange Zeit wurden die alten elektrostatischen Influenzmaschinen mit einer Handbewegung abgetan, die besagen sollte, daß Maschinen dieser Gattung längst überholt seien und über sie nicht mehr zu diskutieren wäre. Insbesondere wurde diese Meinung von den zünftigen Elektroingenieuren vertreten.

Inzwischen verlangte die fortschreitende Entwicklung der Kernphysik Spannungen von der Größenordnung einiger Millionen Volt. Diesen Anforderungen war die mit elektromagnetisch erzeugten Spannungen arbeitende Hochspannungstechnik mit ihren Ventilrohrschaltungen zunächst überhaupt nicht gewachsen; später entstanden auf dem Kaskadenprinzip beruhende Anlagen von außerordentlicher Kompliziertheit. Demgegenüber gelang es mit Hilfe der Bandgeneratoren in schlagender Einfachheit, derart hohe Spannungen zu erzeugen. Die nach Bekanntwerden dieser Erfolge einsetzende Entwicklung elektrostatischer Hochspannungserzeuger hat zu beachtlichen Ergebnissen geführt, deren Auswirkungen — besonders hinsichtlich der Steigerung ihrer Stromergiebigkeit — noch nicht abzusehen sind.

Es ist deshalb an der Zeit, die heute vorliegenden Erkenntnisse dieses Gebietes, die sich in den verschiedensten physikalisch-technischen Zeitschriften verstreut finden, zusammenzufassen und sie nach einer einheitlichen Systematik, in die sich die Maschinen zwanglos einreihen, zu interpretieren. Der Verfasser hofft damit »eine fühlbare Lücke des Schrifttums« auszufüllen.

Das vorliegende Buch ist deshalb in Form eines Lehrbuches geschrieben und besitzt, um dem Leser zeitraubendes Nachschlagen in Physikbüchern zu ersparen, einen einleitenden Abschnitt der elektrostatischen Grundgesetze. Hierin ist besonderer Wert auf das Begriffliche gelegt; das Mathematisch-Formale dient nur der Vervollständigung eines in sich geschlossenen Ganzen. Der Leser wird deshalb Abweichungen von der bisher üblichen Darstellungsart der Elektrostatik finden.

Das Buch ist für Studierende gedacht, für die heute die Elektrostatik wesentlich mehr im Vordergrund steht als früher; außerdem für die bereits im Beruf stehenden Elektroingenieure und Physiker, die zwar von den elektrostatischen Generatoren in Fachkreisen gehört haben, denen jedoch eine klare Kenntnis der verschiedenen Arbeitsweisen, der Strom- und Spannungsgrenzen noch abgeht. Schließlich soll das Buch allen denen dienen, die sich um eine Weiterentwicklung der Generatoren bemühen.

Der Verlagsbuchhandlung R. Oldenbourg danke ich für die vorbildliche Ausführung des Buches.

Braunschweig, den 28. Juli 1941

Ulrich Neubert.

Inhaltsverzeichnis.

I. Elektrostatische Grundgesetze.

1. Allgemeine Grundbegriffe.

Reibt man einen Glasstab mit einem amalgamierten Lederlappen, so werden die beiden Körper und der sie umgebende Raum in einen eigentümlichen Zustand versetzt, der sich dadurch bemerkbar macht, daß leichte, in der Nähe befindliche Teilchen — Papierschnitzel oder Holundermarkkügelchen — in Bewegung geraten; es wird auf die Körperchen eine Kraft ausgeübt. Dieser Zustand des Raumes unterscheidet sich wesentlich von anderen, auch an Kraftwirkungen erkennbaren Zuständen des Raumes, z. B. denen des Magnetismus oder der Gravitation; man bezeichnet ihn als »elektrisch«.

Zur Untersuchung des elektrischen Zustandes und seiner Kraftwirkungen bedient man sich vorteilhaft an Seidenfäden aufgehängter Holundermarkkügelchen, die mit Blattgold überzogen sind (Probekörper). Geräte dieser Gattung, die den elektrischen Zustand eines Raumes erkennen lassen, heißen »Elektroskope«.

Bei der Erzeugung von Elektrizität durch Reibung z. B. einer Glasstange mit einem Lederlappen entsteht auf der Glasstange sowie auf dem Lederlappen Elektrizität. Die Kraftwirkung der Elektrizität eines jeden der beiden geriebenen Teile auf ein mit Elektrizität versehenes Probekörperchen ist aber verschieden; der eine geriebene Teil zieht das Probekörperchen an, der andere stößt es ab. Zur Erklärung dieses Verhaltens hat man zwei Arten von Elektrizität angenommen, nämlich positive und negative. Auf der Glasstange entsteht eine positive Elektrizitätsmenge (+), auf dem Lederlappen eine gleich große Menge negativer Elektrizität (—). Die Menge der Elektrizität oder elektrischen Substanz wird Ladungsmenge oder kurz Ladung genannt. Gleich große (+) und (—) Ladungen ergeben zusammen immer die Menge Null; sie heben sich gegenseitig auf. Man hat festgestellt: Gleichartig elektrisch geladene Körper stoßen einander ab, ungleichartig geladene ziehen einander an.

Die kleinste vorkommende, nicht mehr teilbare, negative Ladung ist das Elektron. Seine Ladung wird deshalb mit Elementarladung bezeichnet und hat die Größe $e = 1{,}60 \cdot 10^{-19}$ Coulomb (Cb)[1]. Nur die

---

[1] Ladungseinheit, s. S. 28.

Elektronen sind frei beweglich und können mit ihrer Ladung von Körper zu Körper übergehen. Positive Aufladung ist fest an den Körper gebunden; man kann sie als einen Mangel an negativer Elektrizität auffassen[1]). Auf Leitern verbreitet sich die Elektrizität augenblicklich nach allen Seiten; auf Nichtleitern kann sie nur langsam die Stelle verlassen, auf der sie sich befindet. Jeder Strom in einem festen Leiter ist ein Elektronenstrom.

Die Umgebung einer Ladung, die sich in dem eigentümlichen elektrischen Zustand befindet, nennt man »elektrisches Feld«. Man bezeichnet die Richtung der Kraft, in der eine (+) Probeladung im elektrischen Feld getrieben wird, als positiv. Untersucht man unelektrische Körper, so findet man: Ein unelektrischer Körper wird von einem elektrischen Körper jedweder Ladung angezogen, und ebenso zieht jeder unelektrische Körper jeden elektrisch geladenen Körper an.

2. Elektrische Feldstärke, Feldlinie und elektrisches Potential.

Das elektrische Feld ist dadurch gekennzeichnet, daß in jedem Punkt des Feldes eine Kraft auf eine dorthin gebrachte Ladung (Probeladung) ausgeübt wird. Es ist ein Kraftfeld. Die Größe der Kraft $\mathfrak{K}$ in einem Punkt des Feldes auf die dorthin gebrachte Ladung Q ist proportional der Stärke des elektrischen Feldes — der Feldstärke $\mathfrak{E}$ — an dieser Stelle und proportional der Größe von Q, also

$$\mathfrak{K} = Q \cdot \mathfrak{E} \qquad \ldots \ldots \ldots \ldots \ldots (1)$$

wobei $\mathfrak{K}$ und $\mathfrak{E}$ Vektoren sind, d. h. Größen, die eine Richtung haben. Geht man nun mit der Probeladung Q von Punkt zu Punkt, immer in Richtung der wirkenden Kraft, d. h. der Feldstärke, weiter und verbindet diese einzelnen Punkte durch eine Linie, so erhält man eine Feldlinie. Wählt man für dieses Verfahren verschiedene Anfangspunkte in einer Hüllfläche um die Ladung, so erhält man eine ganze Schar von Linien, die den Raum erfüllen und ein Feldlinienbild ergeben. Die Feldlinien zeigen hierbei die Eigenschaft, sich nirgends zu schneiden; das heißt aber nichts anderes, als daß jedem Punkte im Raum immer nur eine Kraftrichtung zukommt, nämlich die der Feldlinie im Punkt. Hierbei ist festgelegt, daß als Probeladung eine (+) Ladung benutzt wird. Die Feldlinien erhalten dann eine Richtung, die von der (+) Ladung zur (—) Ladung weist. Die Feldlinien beginnen somit bei der (+) Ladung und enden auf der (—) Ladung. Sie haben auf der (+) La-

---

[1]) Es existiert auch eine positive Elementarladung, das Positron. Seine Ladung ist gleich groß der des Elektrons, jedoch positiv. Es ist aber nicht »stabil«. Jedes irgendwie entstehende Positron vereinigt sich sofort mit einem Elektron unter Umwandlung in Strahlungsenergie (γ-Quant.).

dung eine Quelle und auf der (—) Ladung eine Senke. Das Bild 1 a bis f zeigt Beispiele einiger elektrostatischer Felder. Für einige einfache Körper lassen sich die elektrostatischen Felder analytisch angeben. Bei beliebig gestalteten Körpern ist man auf gefühlsmäßiges Aufzeichnen der Feldlinien angewiesen. Die Zahl der Feldlinien, welche von einer

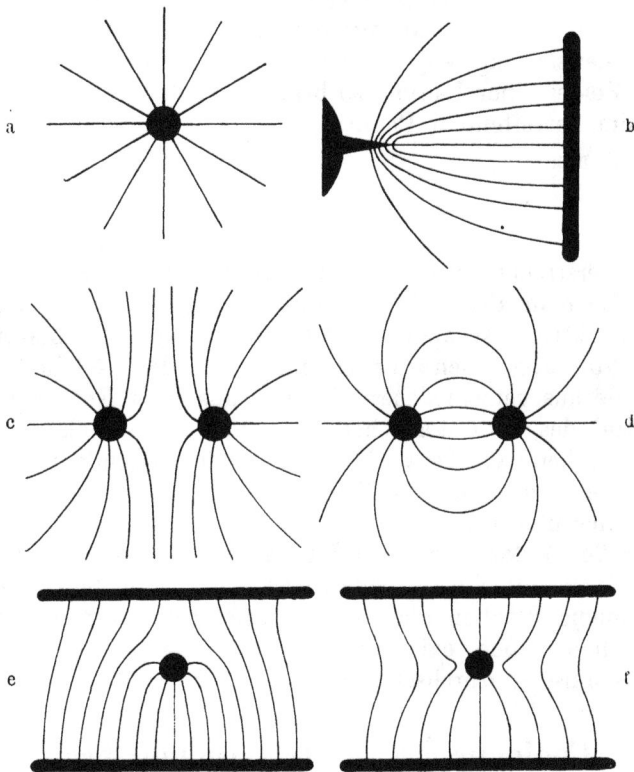

Bild 1 a. Feld einer kleinen geladenen Kugel (Punktladung).
Bild 1 b. Feldlinien zwischen einer geladenen Spitze und einer geerdeten Platte. Die Feldlinien drängen sich an der Spitze stark zusammen.
Bild 1 c. Feldlinienbild zweier gleichgroßer, gleichsinnig aufgeladener Kugeln.
Bild 1 d. Feldlinienbild zweier gleichgroßer, entgegengesetzt aufgeladener Kugeln.
Bild 1 e. Feldlinienbild einer geladenen Metallkugel im ursprünglich homogenen Feld.
Bild 1 f. Feldlinienbild einer ungeladenen Metallkugel im ursprünglich homogenen Feld.

Ladung ausgehen, ist an sich unendlich groß. Eine solche Darstellung ist aber graphisch nicht möglich. Wir müssen deshalb eine bestimmte Anzahl von Feldlinien herausgreifen, die zur Charakterisierung des Feldes dient. Um nun nicht nur die Richtung der Feldstärke, sondern auch ihre Größe dem Feldlinienbild zu entnehmen, sollen die Feldlinien an den Stellen, wo die Feldstärke größer wird, enger zusammenrücken, also dichter zusammenlaufen als an den Stellen, wo die Feldstärke kleiner ist (Faraday 1831). Daher ist die Zahl der Feldlinien, welche senkrecht durch die Einheit der Fläche treten — die Feldliniendichte —, ein Maß für den Betrag der Feldstärke. Man sieht einem Feldlinienbild deshalb an, wo die Feldstärke groß bzw. klein ist.

Das Bewegen von Elektrizität (z. B. der positiven Einheitsladung) entgegen der Richtung der jeweiligen Kraft im Feld ist stets mit Aufbringen mechanischer Arbeit verbunden. Die Arbeit A, die nötig ist, um die Einheitsladung $+Q$ aus unendlicher Entfernung bis zu einem Punkt des Feldes einer Ladung zu bringen, heißt »Potential« φ der Ladung in dem betreffenden Punkt.

Es wird also

$$\varphi = \frac{A}{Q} \quad \cdots \cdots \cdots \cdots \quad (2)$$

Theoretisch erstreckt sich das Feld einer kleinen, geladenen Kugel (Bild 1a), die man allgemein als Punktladung bezeichnet, bis ins Unendliche. Praktisch ist aber ihr Potential in wenigen Metern Entfernung auf Null abgefallen. Bringt man nun die (+) Einheitsladung mehrere Male aus verschiedener Richtung aus einer Entfernung, in der das Potential des zu untersuchenden Feldes kleiner als eine beliebig kleine, vorgegebene Größe ε ist, an die felderzeugende Ladung heran und verrichtet jedesmal denselben Arbeitsbetrag an ihr, so gelangt man zu immer neuen Punkten des Feldes, die aber offenbar alle (bis auf die Größe ε) dasselbe Potential besitzen. Diese Punkte gleichen Potentials liegen auf einer geschlossenen Fläche um die felderzeugende Ladung. Solche Flächen gleichen Potentials, die Niveau- oder Äquipotentialflächen heißen, existieren in jedem Feld. Sie werden von den Feldlinien senkrecht durchsetzt.

3. Coulombsches Gesetz, Spannungsbegriff.

Betrachtet man das Feld einer Punktladung, deren Ausdehnung im Verhältnis zu der des Feldes klein ist, so wird sich dieses Feld aus Symmetriegründen kugelsymmetrisch um die kleine, geladene Kugel ausbilden. Die Potentialflächen sind wieder Kugelflächen, um die geladene Kugel herum. Die Feldlinien sind radiale Strahlen, die sich gleichmäßig nach allen Seiten ausbreiten (Bild 1a). Alle Potentialflächen werden also von gleich vielen dieser Feldlinien durchsetzt. Die Größen zweier Kugelflächen mit den Radien r_1 und r_2 (Bild 2) stehen in einem Verhältnis $r_1{}^2 : r_2{}^2$ zueinander. Da die Zahl der jede Niveaufläche durchsetzenden

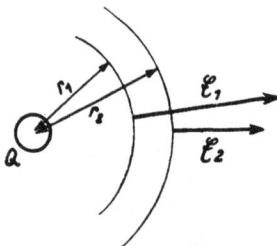

Bild 2. Bei einer Punktladung verhalten sich die Feldstärken umgekehrt wie die Quadrate der Radien (Gl. (3a)).

Feldlinien konstant ist, stehen die Feldliniendichten und damit die Feldstärken auf den einzelnen Potentialflächen in umgekehrtem Verhältnis wie diese, nämlich:

$$\frac{|\mathfrak{E}_1|}{|\mathfrak{E}_2|} = \frac{r_2{}^2}{r_1{}^2} \quad \dots \dots \dots \dots \quad (3\,\mathrm{a})$$

oder allgemein

$$\mathfrak{E} = \frac{\mathfrak{f}'}{r^2} = \frac{\mathfrak{f} \cdot Q_1}{r^2} \qquad \dots \quad (3)$$

wobei $\mathfrak{f}'$ und $\mathfrak{f}$ beliebige Konstanten (Vektoren) sind. Q_1 ist die Ladung einer felderzeugenden Kugel. Die letzte Formel, in Gleichung (1) eingesetzt, ergibt

$$|\mathfrak{K}| = Q \cdot |\mathfrak{E}| = \frac{f \cdot Q \cdot Q_1}{r^2} \quad \dots \dots \dots \quad (4)$$

Q und Q_1 sind die Ladungen zweier Kugeln im Abstand r. Die Gleichung (4) stellt die Aussage des Coulombschen Gesetzes dar (1785). Zwei Ladungen im materiefreien Raum wirken mit einer Kraft aufeinander, die proportional dem Produkt ihrer Ladungen und umgekehrt proportional dem Quadrat ihres Abstandes ist. Dies war die erste quantitative Aussage der Elektrizitätslehre; sie wurde von Coulomb experimentell ermittelt.

Der Zahlenwert, den man für $|\mathfrak{K}|$ erhält, ist abhängig von dem angewandten Maßsystem. Der Faktor f ist, je nach der Wahl der Einheit, für die Ladung verschieden. Im konventionellen Gaußschen Maßsystem wird die Einheit der Ladung dadurch festgelegt, daß man erklärt: Üben im Vakuum zwei punktförmige, gleich große Ladungen im Abstand von 1 cm die Kraft von 1 Dyn aufeinander aus, so besitzen beide die Ladungsmenge 1. Aus dieser Festlegung heraus wird nach Gleichung (4) der Faktor $f = 1$. $\Big($Im praktischen Maßsystem ergibt sich dieser Faktor sinnvoll zu $\dfrac{1}{4\,\pi\,\varepsilon_0} \cdot\Big)$[1].

Unter Beibehaltung des Bildes einer punktförmigen Ladungsquelle (Bild 3) kann man die Gleichung (1) auf beiden Seiten mit einem Element des Radius $d\mathfrak{r}$ skalar multiplizieren; man erhält

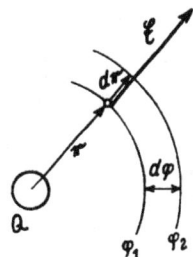

Bild 3. Zur Ableitung von Gl. (5).

$$(\mathfrak{K} \cdot d\mathfrak{r}) = Q\,(\mathfrak{E} \cdot d\mathfrak{r}) = dA$$
$$dA = Q \cdot E \cdot dr \cdot \cos(\mathfrak{E},\,d\mathfrak{r}).$$

Da für die punktförmige Ladung die Richtungen von $\mathfrak{E}$ und $d\mathfrak{r}$ für einen Aufpunkt zusammenfallen, ist der Winkel zwischen $\mathfrak{E}$ und $d\mathfrak{r}$ Null, der Cosinus also 1. Weiter ist aus Gleichung (2) $d\varphi = dA/Q$;

---

[1] ε_0 = absolute Dielektrizitätskonstante, s. S. 21.

demnach wird der Betrag der Feldstärke

$$E = \frac{d\varphi}{dr} \quad \ldots \ldots \ldots \ldots \quad (5)$$

oder allgemein, wenn kein kugelsymmetrisches Feld vorliegt,

$$E = \frac{d\varphi}{dn} \quad \ldots \ldots \ldots \ldots \quad (6)$$

wobei $\mathfrak{n}$ die Richtung der Normalen auf der Niveaufläche ist. Die Richtung von $\mathfrak{E}$ ist die der größten Abnahme des Potentials im Raum.

Die Vektorenrechnung hat hierfür die Operation Gradient eingeführt, so daß

$$\mathfrak{E} = -\operatorname{grad} \varphi$$

ist. Das negative Vorzeichen bedeutet, daß $\mathfrak{E}$ in Richtung der größten Abnahme von φ weist.

Der Gradient einer skalaren Ortsfunktion $\varphi(x, y, z)$ hat folgende besondere Eigenschaften. Er weist in die Richtung des größten Anstieges einer Funktion. Der Betrag des Gradienten ist gleich dem Zuwachs, den eine Funktion beim Fortschreiten um die Längeneinheit in Richtung des Gradienten erfährt. Der Gradient steht senkrecht auf den Äquipotentialflächen. Jedem stetigen, skalaren Feld $\varphi = \varphi(x, y, z)$ läßt sich ein Vektorfeld $\mathfrak{E} = \mathfrak{E}(x, y, z) = -\operatorname{grad} \varphi$ zuordnen. In kartesische Koordinaten ausgedrückt lautet $\operatorname{grad} \varphi = \mathfrak{i}\,\dfrac{\partial \varphi}{\partial x} + \mathfrak{j}\,\dfrac{\partial \varphi}{\partial y} = \mathfrak{k}\,\dfrac{\partial \varphi}{\partial z}$, wobei $\mathfrak{i}, \mathfrak{j}, \mathfrak{k}$ die Einheitsvektoren bedeuten.

Die Spannung $U_{1.2}$ zwischen zwei Punkten 1 und 2 ist als Differenz der Potentiale dieser beiden Punkte $(\varphi_1 - \varphi_2)$ definiert. Deshalb kann man die Spannung zwischen 2 Punkten auch allgemein durch die Feldstärke ausdrücken. Es sei die Spannung zwischen den Punkten 1 und 2 (Bild 4) zu bestimmen. Der Abstand der beiden Potentialflächen φ und $\varphi - d\varphi$ ist dn, ihre Potentialdifferenz $d\varphi$. In Richtung dn hat die Feldstärke den Wert $\mathfrak{E}$, sie steht senkrecht auf den Niveauflächen. Nach Gleichung (6) ist

$$d\varphi = E\, dn = E \cdot ds \cdot \cos(\mathfrak{E}, d\mathfrak{s}) = (\mathfrak{E} \cdot d\mathfrak{s}) \quad (7)$$

Die Potentialdifferenz zwischen den beiden Endpunkten des Wegelementes $d\mathfrak{s}$ ist also $\mathfrak{E} \cdot d\mathfrak{s}$ (skalares Produkt). Den gesamten Potentialunterschied zwischen den Punkten 1 und 2 erhält man durch Integration des Weges von 1 bis 2

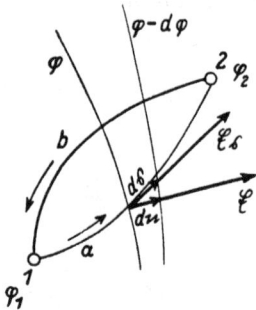

Bild 4. Definition der Spannung zwischen zwei Punkten 1 und 2 (Gl. (7 ff.)).

$$U_{1,2} = \varphi_2 - \varphi_1 = \int_1^2 (\mathfrak{E} \cdot d\mathfrak{s}) = \int_1^2 E \cdot d\mathfrak{s} \cdot \cos(\mathfrak{E} \cdot d\mathfrak{s}) \quad \ldots \quad (8)$$

Stimmt die Richtung von $\mathfrak{E}$ mit der Integrationsrichtung überein, so ergibt sich der Wert des Integrals positiv, im anderen Falle negativ,

so daß gilt:
$$\int\limits_1^2 (\mathfrak{E} \cdot d\mathfrak{s}) = - \int\limits_2^1 (\mathfrak{E} \cdot d\mathfrak{s}) \tag{9}$$

Aus dem eben Erläuterten folgt: Es ist offenbar gleichgültig, auf welchem Wege (z. B. a oder b) man von Punkt 1 zu Punkt 2 gelangt, immer erhält man denselben Wert der Spannung. Man nennt den Ausdruck $\int\limits_1^2 (\mathfrak{E} \cdot d\mathfrak{s})$ das Linienintegral der Feldstärke. Beim Durchlaufen in entgegengesetzter Richtung erhält man den entgegengesetzt gleichen Wert des Linienintegrals. Geht man also von einem Punkt zu einem zweiten und kehrt auf einem anderen Weg zu dem ersten wieder zurück, so hat das Linienintegral auf diesem geschlossenen Kurvenzug den Wert Null.

$$\oint (\mathfrak{E} \cdot d\mathfrak{s}) = 0 \;.\;. \qquad\ldots\ldots \tag{10}$$

Dieser Umstand ist das Charakteristikum für das Vorhandensein eines elektrostatischen Feldes[1]). Läge er nicht vor, dann müßte man dem Feld dauernd Energie zuführen, oder man würde ihm Energie entziehen. Man sagt, die Umlaufsarbeit ist Null. Weiterhin kann man folgern, daß es im elektrostatischen Feld keine geschlossenen Feldlinien gibt, es ist »wirbelfrei«. Denn nimmt man einmal an, es gäbe eine solche geschlossene $\mathfrak{E}$-Linie, so könnte man das Linienintegral längs dieser von einem beliebigen Aufpunkt auf ihr bis zu ihm zurück bilden. Es würde sich für das Integral — da die Richtung der Feldstärke ständig mit der Integrationsrichtung zusammenfällt — ein von Null verschiedener Wert ergeben (Gleichung (9)), womit dann erwiesen wäre, daß kein elektrostatisches Feld vorliegt. Die Feldlinien haben ihren Ursprung auf den ($+$) Ladungen (Quelle) und endigen auf den ($-$) Ladungen (Senke).

4. Influenz auf Leitern.

Sitz der Elektrizität. Mit Hilfe des Coulombschen Gesetzes kann man eine Aussage über den Sitz der Elektrizität auf Leitern machen. Betrachtet man eine geladene, metallische Hohlkugel (Bild 5), so ist es aus Symmetriegründen einleuchtend, daß sich die Elektrizitätsmenge gleichmäßig über die Oberfläche verteilt. Im Aufpunkt P sei eine Punktladung vorhanden. Gleichzeitig sei die Kugel durch Geraden, die

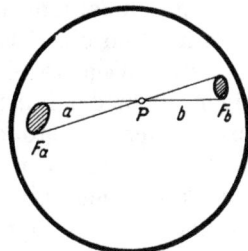

Bild 5. Zur Ableitung von Gl. (11).

---

[1]) Elektrostatisches Feld = ruhendes elektrisches Feld im Gegensatz zum veränderlichen elektrischen Feld. Wenn vom elektrischen Feld schlechthin die Rede ist, soll hier immer ein elektrostatisches verstanden werden.

durch P gehen, in sehr viele schmale Doppelkegel aufgeteilt, von denen ein Paar in Bild 5 eingezeichnet ist. Die Größe der Grundflächen dieser Kegel F_a und F_b, die den auf ihnen sitzenden Ladungsmengen proportional sind, verhalten sich wie die Quadrate ihrer Höhen a und b:

$$\frac{F_a}{F_b} = \frac{a^2}{b^2} \quad \cdots \cdots \cdots \cdots \cdots \quad (11)$$

d. h. die Größe der Kraft, die die Ladungsmenge der Fläche F_a im Abstand a auf P ausübt, ist gleich groß und entgegengesetzt der Kraft, die von der Ladungsmenge der Fläche F_b im Abstand b auf den Punkt P ausgeübt wird. Das gleiche gilt für alle anderen Doppelkegel. Die resultierende Kraft ist Null, es herrscht Gleichgewicht. Also werden von der Ladung auf der Oberfläche keine Kräfte auf Ladungen im Innern der Kugel ausgeübt. Da die Kraft im Innern der Kugel Null ist, wird auch nach Gleichung (1) die Feldstärke im Innern der Hohlkugel Null. Das eben Gesagte gilt unbeschadet davon, ob die Metallkugel hohl oder massiv ist.

Man kann dieses physikalische Verhalten auch aus dem Energiesatz folgern, denn wenn innerhalb eines Leiters die Feldstärke nicht Null wäre, so müßten die Elektronen ständig verschoben werden, was einen dauernden Strom und somit Joulesche Wärme zur Folge hätte. Da dies mit den Bedingungen eines elektrostatischen Feldes nicht zu vereinbaren ist, muß die Feldstärke notwendig Null werden. Von außen kommende Feldlinien können also nicht in das Innere eines metallischen Körpers eindringen, sie müssen an der Oberfläche des Leiters enden. Daher haben — da die Enden der Kraftlinien mit Ladungen behaftet sein müssen — diese an der Mündungsstelle der Kraftlinien auf der Leiteroberfläche ihren Sitz. Das Potential eines Leiters ist somit an allen Stellen das gleiche; seine Oberfläche, auf der die Elektrizität ihren Sitz hat, ist Potentialfläche. Die elektrischen Feldlinien treten senkrecht aus ihr aus und münden senkrecht in sie ein.

Maxwellscher Zug und Druck. Da die beiden Ladungen an den Enden einer Feldlinie sich gegenseitig anziehen, so herrscht längs ihr ein Zug. Außerdem müssen aber auch noch andere Kräfte wirken, denn sonst müßten die Feldlinien die (+) und (—) Ladungen immer auf dem kürzesten Wege verbinden. Das ist aber, wie die Feldbilder des Bildes 1 zeigen, nicht der Fall; vielmehr drängen sich die Feldlinien in der Mitte auseinander, sie stoßen sich ab. »Im elektrischen Feld herrscht in Richtung der Feldlinien ein Zug, quer zu ihnen ein Druck.« Auch mit dieser Erscheinung kann man erklären, daß die Oberfläche eines Leiters der Sitz der Ladung sein muß, da der Maxwellsche Zug die an den Enden einer Feldlinie sitzenden Ladungen an die Oberfläche des Leiters zieht.

Nähert man einem ungeladenen, neutralen metallischen Körper, auf dem regellos positive und negative Teilchen in gleicher Zahl durcheinander liegen, einen geladenen, so tritt eine Erscheinung auf, die man als Influenz bezeichnet (Bild 6). Infolge der anziehenden Wirkung des positiv aufgeladenen Körpers A auf die freien negativen Teilchen des ungeladenen Körpers B und der Abstoßung auf seine positiven Teilchen, tritt auf B eine Trennung der positiven und negativen Elektrizitätsteilchen ein. Die ungleichnamigen sammeln sich auf der

Bild 6. Influenzwirkung des geladenen Körpers A auf den ursprünglich ungeladenen B.

dem geladenen Körper zugewandten, die gleichnamigen auf der ihm abgewandten Seite. Bringt man den Körper B in leitende Verbindung mit der Erde, so wird die gleichnamige Elektrizität zur Erde weggedrückt, während die ungleichnamige (im Bild 6 negative Ladung) wegen der Anziehung auf dem influenzierten Körper verbleibt. Hebt man die leitende Verbindung zur Erde wieder auf, so ist der influenzierte Körper selbst elektrisch geladen, und zwar, wie man erkennt, entgegengesetzt dem ursprünglich geladenen Körper. Man nennt die Elektrizität, die trotz der Erdung auf dem influenzierten Körper verbleibt, Influenzelektrizität erster Art, hingegen diejenige, die zur Erde abfließt, Influenzelektrizität zweiter Art.

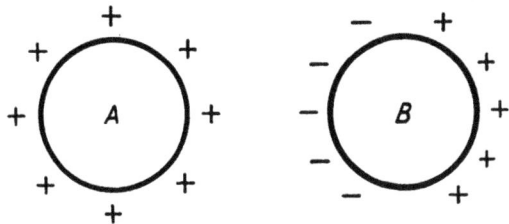

Eine wichtige Anwendung der Influenzwirkung ist der Elektrophor (Bild 7). Mittels der Influenzwirkung ist es möglich, Elektrizität durch Verrichtung mechanischer Arbeit zu erzeugen. Wir werden später finden, daß bei den elektrostatischen Bandgeneratoren von diesem physikalischen Verhalten weitestgehend Gebrauch gemacht wird. Es sei eine isoliert aufgestellte Metallplatte A z. B. positiv aufgeladen. Auf ihr liegt, durch eine Isolierschicht B getrennt, eine ungeladene Metallplatte C, die mit einem isolierten Handgriff D versehen ist. Erdet man die Platte C kurzzeitig und hebt sie dann ab, so findet man sie negativ geladen. Man kann dieses Verfahren beliebig oft wiederholen, ohne daß die Platte A ihre Ladung verliert. Denselben Erzeugungsvorgang kann man durch 2 Kondensatorplatten herbeiführen. In dem Bild 8 ist A

Bild 7. Elektrophor. Vorrichtung zur Elektrizitätsgewinnung durch Influenz. A geladene Metallplatte, B Isolatorschicht, C ungeladene Metallplatte, D Isolierhandgriff.

eine feststehende, aufgeladene Platte. Bringt man von S aus eine zweite, ungeladene Platte C an A heran, so tritt die besprochene Influenzwir-

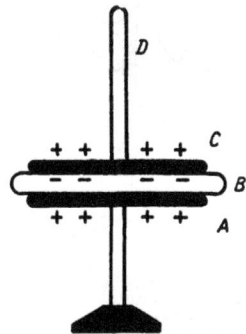

kung auf. Hat C die Stelle F erreicht, so wird über eine dort angebrachte Feder die Influenzelektrizität zweiter Art zur Erde abfließen.

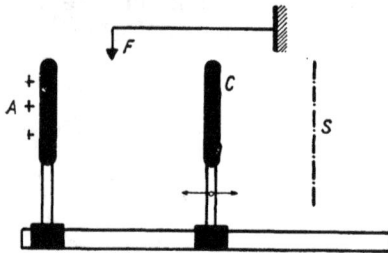

Bild 8. Plattenkondensator mit veränderlicher Kapazität zur Gewinnung von Elektrizität durch Influenzwirkung.

Nach Zurückführen von C in die Ausgangstellung S ist die Influenzelektrizität frei verfügbar. Da dieses Spiel beliebig oft wiederholbar ist, ohne daß die Platte A nachgeladen werden muß, erscheint der Vorgang der beliebigen Erzeugung von Elektrizität wie ein Verstoß gegen den Energiesatz. Man kann sich aber leicht aus dem bereits unter 2. Gesagten vorstellen, daß durch das Verschieben der Ladung gegeneinander dauernd Arbeit verrichtet werden muß.

Der Faraday-Käfig, das Faradaysche Influenzgesetz: Wieviel Ladung eine Elektrizitätsmenge auf einem anderen Körper influenzieren kann, hängt ab: 1. von der Entfernung der beiden Körper voneinander, denn eine influenzierte Menge wird um so größer sein, je näher sie sich an der influenzierenden Ladung befindet, und 2. von der geometrischen Anordnung der beiden Körper zueinander. In einem einzigen Falle kann man eine quantitative Aussage über die Menge der Influenzelektrizität zweiter Art zur Menge der influenzierenden Elektrizität machen. Umschließt nämlich der influenzierte Körper den influenzierenden vollkommen, so wird die Menge der Influenzelektrizität zweiter Art gleich der Ladungsmenge, welche die Influenz hervorruft.

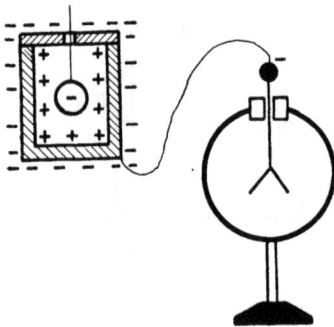

Bild 9. Faradaykäfig. Elektroskop zeigt die Größe der Ladung der in den Faradaykäfig eingebrachten Ladung an.

Der Nachweis erfolgt experimentell mit Hilfe des Faraday-Käfigs. Man bringt eine an einem isolierenden Faden aufgehängte, geladene Kugel (Bild 9) in ein becherförmiges, metallisches Gefäß, das mit einem Elektroskop verbunden ist. Nach Einbringen der Kugel bedeckt man den Becher mit einem Metalldeckel — unter Benutzung eines isolierenden Handgriffes. Das Elektroskop zeigt einen Ausschlag von bestimmter Größe. Dieser Ausschlag ist konstant und unabhängig von der Lage der Kugel im Innern. Er bleibt sogar derselbe, wenn die Kugel den Becher berührt. Hierbei wandert die ganze Ladung auf die Oberfläche des Bechers. Sie ist also, wie das Experiment zeigt, genau so groß wie die vorher influenzierte Elektrizitätsmenge zweiter Art. Außerdem kann man mit Hilfe eines zweiten Elektroskops nachprüfen, daß die wieder herausgezogene Kugel in der Tat vollkommen entladen ist.

Der Versuch lehrt uns, daß auf dem Hohlkörper durch Influenz ebenso viele positive und negative Elektrizitätsmengen getrennt werden, wie z. B. negative Ladungen in den Körper eingeführt worden sind. Dieses ist die Aussage des Faradayschen Influenzgesetzes. Wir können als unmittelbare Folge des Influenzgesetzes, unter Benutzung eines Faraday-Käfigs, vergleichende Ladungsmessungen an Körpern verschiedener Ladung, Größe und Gestalt vornehmen. Ja, in neuerer Zeit ist die Brauchbarkeit des Faraday-Käfigs zur Messung von Ladungen, die im Gefolge von Elektronen- und Ionenstrahlen auftreten, von großer Bedeutung geworden.

Betrachtet man die influenzierte Ladung im Innern eines Faraday-Käfigs, so ist es für ihre Verteilung nicht gleichgültig, wo sich die influenzierende Ladung befindet; vielmehr wird in der Nähe der eingebrachten Ladung die Dichte der influenzierten Elektrizität erster Art größer sein (Bild 10), als auf den weiter entfernten Wänden. Hingegen bleibt die Verteilung der Influenzelektrizität zweiter Art an der Oberfläche von einer Wanderung der eingebrachten Ladung unberührt und ist nur abhängig von den Krümmungsverhältnissen an der äußeren Oberfläche.

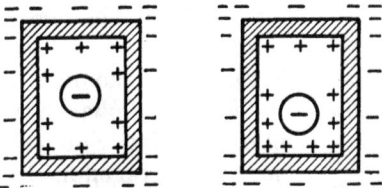

Bild 10. Verteilung der Influenzelektrizitäten. Die Verteilung der außen sitzenden Influenzelektrizität zweiter Art ist unabhängig von der Lage der influenzierenden Ladung; die innen sitzende Influenzelektrizität erster Art dagegen nicht.

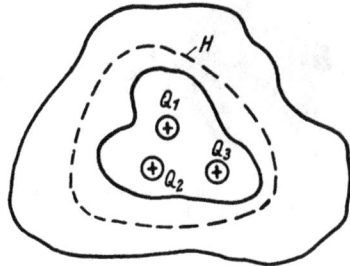

Bild 11. Zur Erklärung der Schirmwirkung des Faradaykäfigs.

Eine weitere, wichtige Anwendung des Faraday-Käfigs nutzt seine wesentliche Eigenschaft, die »Schirmwirkung«, aus. Bild 11 zeigt einen metallischen Hohlkörper. In seinem Innern befinden sich verschiedene Ladungen Q_1, Q_2, Q_3 ... Diese haben in dem Hohlraum ein Feld zur Folge. Die Feldlinien beginnen an den eingebrachten Ladungen Q_1, Q_2, Q_3 usw. und enden auf der Innenwand des Hohlkörpers bei den influenzierten Ladungen erster Art. Da der Hohlkörper die influenzierenden und die Influenzladungen erster Art völlig umschließt, muß die Summe dieser Ladungen, die innerhalb der gestrichelten Hüllfläche H liegen, Null sein. Innerhalb des Metallraumes sind keine Feldlinien vorhanden. Auf der äußeren Oberfläche sitzt aber die Influenzladung zweiter Art.

Diese ist die Quelle neuer Feldlinien in den Außenraum. Erdet man
nun die Oberfläche dieses Körpers, so fließt die dort sitzende Influenzladung zweiter Art zur Erde ab, und das Feld im Außenraum bricht
zusammen. Unbeschadet davon bleibt das Feld im Innern des Hohlkörpers bestehen, aber jede Wirkung des im Innern bestehenden Feldes
nach außen ist aufgehoben; das Feld ist »abgeschirmt«. Umgekehrt
gilt genau das gleiche. In einen Hohlraum, der von einem Leiter vollkommen umschlossen ist, kann kein elektrisches Feld eindringen, wenn
der Leiter geerdet ist.

5. Spitzenwirkung.

Die Elektrizitätsteilchen auf der Oberfläche eines Leiters stoßen
sich gegenseitig ab, haben also das Bestreben, nach außen zu entwei-
chen. Sie werden daran gehindert durch die sie umgebende Luft, die
ein ziemlich guter Nichtleiter ist. Hat ein metallischer Körper besonders starke Krümmungen, z. B. an Ecken und Kanten, so drängen sich
an diesen Stellen die Elektrizitätsteilchen sehr dicht zusammen und
können dort am ehesten in die umgebende Luft austreten. Es gibt dann
hier eine »stille Entladung«, d. h. eine solche, die für unser Auge un-
sichtbar verläuft, oder es
entsteht eine Sprühentla-
dung mit zischendem Ge-
räusch oder ein Funke.
Naturgemäß kommt den
Stellen mit großer Krüm-
mung — den Spitzen —
eine hervorragende Rolle
zu. Bild 12 zeigt eine Anordnung, bei der willkür-
lich eine Spitze angebracht ist, um bei genügend hohem Potential des
aufgeladenen Körpers eine ständige stille Entladung zu erreichen. Eine
mit einer Spitze versehene Kugel, der durch irgendeinen Mechanismus
von außen laufend Ladung zugeführt wird, gibt diese über die Spitze
ständig durch stille Entladung an eine gegenübergestellte, geerdete
Metallplatte ab. Man kann dies an dem Strom, der über das Instrument zur Erde abfließt, feststellen. Betrachtet man das Feldlinienbild
dieser Anordnung in Bild 1b, so findet man, daß die Feldlinien vorn an
der Spitze sehr dicht zusammenlaufen, d. h. dort ist die Feldstärke sehr
groß. Offenbar ist die Fähigkeit der Elektrizitätsteilchen, von ihrem
Sitz auf dem Leiter in die umgebende Luft auszutreten, nur von der
Feldstärke abhängig. Diejenige kritische Feldstärke, bei der dies gelingt,
heißt »Durchbruchfeldstärke«. Ihr Wert bei normaler Außenluft beträgt
etwa 30 kV/cm. Der Austritt der Elektrizitätsteilchen von ihrem Sitz

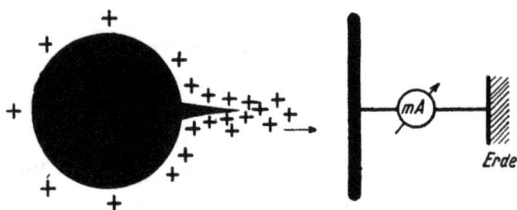

Bild 12. Spitzenwirkung. Stille Entladung über eine Spitze,
wenn zwischen den beiden Körpern eine Spannung herrscht.

auf der Leiteroberfläche in die Umgebung ist abhängig von den Eigenschaften des Mediums, z. B. auch vom Druck des umgebenden Gases
(Luftdruck). Es besteht eine Gesetzmäßigkeit zwischen der Durchbruchfeldstärke E_D und dem Druck des umgebenden Gases:

$$E_D = k \cdot p \quad\ldots\ldots\ldots\ldots (12)$$

Hierin ist E_D die Feldstärke, p der Druck und k eine Proportionalitäts-
konstante des betreffenden Gases. Dieses Verhalten wurde von F. Paschen erstmalig entdeckt und wird in dem Druckbereich, wo die Gleichung (12) erfüllt ist, als das »Paschensche Gesetz« bezeichnet, wie
Bild 13 veranschaulicht. Als Ordinate ist in ihr die Durchbruchspar -

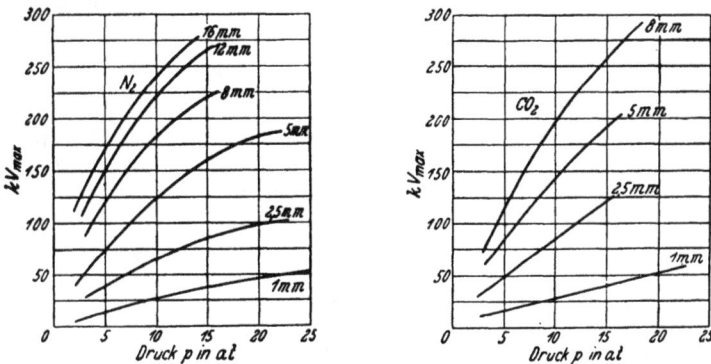

Bild 13a—b. Durchbruchspannung U_D in Abhängigkeit vom Druck für verschiedene
Abstände zwischen ebenen Platten. a für N_2 und b für CO_2.

nung U_d für verschiedene Elektrodenabstände in Abhängigkeit vom
Gasdruck p aufgetragen. Die Elektroden sind hierbei zwei ebene, paral-
lele Platten. Wegen $U_D = \int_1^2 (\mathfrak{E} \cdot d\mathfrak{s})$ besteht also die einfache Proportion
$U_D = E_D \cdot s$, worin s den für jede Kurve konstanten Plattenabstand
bedeutet. Das Gesetz gilt im Druckbereich von etwa $1/3$ at bis 25 at.
Bei sehr geringem Gasdruck (10^{-5} mmHg-Säule) nimmt die Durchbruchfeldstärke wieder zu und erreicht Werte, die für gutes Vakuum größer
als 10^6 V/cm sind. Eine Nutzanwendung dieses Verhaltens besteht
darin, daß man z. B. Tesla-Transformatoren ins Vakuum setzt (Kossel).
Ein Tesla-Transformator ist eine mit einem Schwingungskreis gekoppelte
Spule, an deren offenen Enden Spannungsbäuche entstehen, in denen
infolge der geringen Endkapazitäten die Spannungen sehr hoch werden.
Deshalb setzt man derartige Hochspannungseinrichtungen ins Vakuum,
das immer ein außerordentlich guter Isolator mit sehr hoher Durchschlagfestigkeit ist. Die Nutzanwendungen des Paschenschen Gesetzes
liegen in ähnlicher Richtung. Hier werden die Hochspannung führenden
Teile in einen Raum mit erhöhtem Gasdruck gebracht und so die Durch-

bruchfeldstärke und damit die Durchbruchspannung heraufgesetzt. Ein weiterer Vorteil entsteht dadurch, daß bei gelegentlichem Durchschlag der Isolator — das Preßgas — nicht zerstört und wertlos wird, sondern seine Isolationsfähigkeit sofort wieder gewinnt. Diese Vorteile werden bei Preßgaskondensatoren ausgenutzt. Neben verbesserter Isolationswirkung werden wir noch weitere Wirkungen und deren Nutzanwendung bei Bandgeneratoren kennenlernen.

Die vom Leiter in die Luft austretenden Elektrizitätsteilchen bilden die Ursache der Raumladungen zwischen Elektroden und führen zu einer regelrechten Stromleitung in Gasen. Diese Tatsache findet ihre Erklärung in der Ionentheorie. Nach ihr ist das reine Gas zwischen zwei Elektroden ein absoluter Nichtleiter. Ein etwa fließender Strom wird nicht von den gewöhnlichen, neutralen Molekülen dieses Gases von einer Elektrode zur anderen getragen, sondern von freien Elektronen oder Ionen — das sind irgendwie entstandene, elektrisch geladene Atome, Moleküle oder Molekülgruppen. Erst wenn sich solche geladenen Teilchen zwischen den Elektroden befinden und unter dem Einfluß eines elektrischen Feldes bewegen, fließt ein Strom durch das Gas, der demnach ein reiner Konvektionsstrom ist.

Solche Träger eines Stromes sind von vornherein im Gasraum nicht vorhanden; sie müssen erst gebildet werden. Praktisch enthält jedes Gas Ionen in beschränkter Anzahl. In atmosphärischer Luft in unseren Breitengraden schwankt die Zahl der im cm³ vorhandenen Ionen zwischen 500 und 900. Diese Zahl reicht jedoch nicht aus, um bei geringeren Feldstärken zu einem meßbaren Strom zwischen Elektroden zu führen. Um hier einen Strom aufrechtzuerhalten, muß man dafür sorgen, daß eine zusätzliche »Ionenquelle« vorhanden ist, z. B. eine Glühkathode. Entladungen dieses Art nennt man »unselbständig«. Die andere Gattung, mit der wir es fast ausschließlich zu tun haben, ist die »selbständige« Entladung. Bei ihr ist der wichtigste und stets beteiligte Mechanismus die Trägerbildung durch Stoßionisation im Gasraum bei genügend hohen Feldstärken und die sich daran anschließenden Sekundärprozesse. Der typische Vertreter einer selbständigen Entladung ist der elektrische Funke. Ist die Spannungsquelle nicht ergiebig, dann erlischt er, andernfalls geht er in einen Lichtbogen über.

Die Spitzenwirkung tritt in der Hochspannungstechnik oft als ungewollte und unangenehme Begleiterscheinung auf. Man kann sie in vielen Fällen durch Verwendung eines »Ionenschirmes« unschädlich machen. Unter Ionenschirm versteht man eine Isolatorfläche (z. B. eine Pertinaxplatte), die man vor die sprühende Spitze bringt. Die aus der Spitze austretenden Ladungen werden von der Isolatorfläche aufgefangen, sie lädt sich selbst auf und nimmt allmählich das Potential der sprühenden Spitze an. Dadurch wird das Feld der Spitze stark geschwächt, der Sprühstrom erlischt; die Spitzenwirkung ist aufgehoben.

6. Elektrische Verschiebungsdichte.

Neben der Feldstärke benutzt man zur Beschreibung des elektrischen Feldes den Begriff der elektrischen Verschiebungsdichte. Sie ist in der Praxis meist wichtiger als die Feldstärke, da sie einer Messung leichter zugänglich ist. Sie tritt bei der Definition der Ladungsdichte auf.

Die Leiteroberfläche ist als Sitz der Ladung aufzufassen. Trägt eine Elektrode die Ladung Q, so ist diese in bestimmter Weise über die Oberfläche verteilt. Man kann daher von einer Belegungsdichte oder Ladungsdichte σ auf der Leiteroberfläche sprechen und definiert sie als die Ladung dQ, die auf dem Oberflächenelement dF sitzt, also $\sigma = dQ/dF$. Da die Enden der Feldlinien mit Ladungen behaftet sind, ist eine Beziehung zwischen der Feldstärke und der Ladungsdichte zu erwarten; man kann sie durch einen einfachen Versuch ermitteln. Zwei kleine Leiterblättchen (Doppelblatt) je von der Fläche 1, die aufeinander liegen (Bild 14), werden in ein Feld bekannter Feldstärke $\mathfrak{E}$ senkrecht zu den Feldlinien gebracht. Dadurch entsteht auf dem einen Blättchen die Influenzelektrizität erster Art, auf dem anderen die zweiter Art. Dann trennt man die Blättchen im Feld und gibt die Ladung des einen auf ein Elektrometer. Der Ausschlag, der die Ladung anzeigt, gibt direkt die Belegungsdichte $\sigma = Q/F$ an (da Fläche = 1). Wiederholt man den

Bild 14. Metallische Doppelblättchen (Fläche = 1) zur Messung der Verschiebungsdichte $\mathfrak{D}$ im elektrischen Feld.

Versuch für verschiedene Feldstärken $\mathfrak{E}$ durch Änderung der Spannung U, so findet man jedesmal, daß

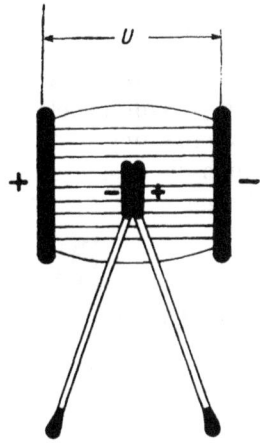

$$\sigma = \varepsilon_0 |\mathfrak{E}| \quad \ldots \ldots \ldots \ldots \quad (13)$$

ist, d. h. die Belegungsdichte ist dem Betrag des Feldstärkevektors $\mathfrak{E}$ bis auf einen Proportionalitätsfaktor ε_0 gleich. ε_0 heißt die absolute Dielektrizitätskonstante (DK) des Vakuums. Man kann dieses Verhalten auch folgendermaßen beschreiben: Die Ladung auf dem Doppelblättchen, die gleich der Ladungsdichte ist ($F = 1$), wird durch den Fluß eines Vektors $\mathfrak{D}$ durch das Blättchen hervorgerufen. Dieser Vektor $\mathfrak{D}$, der »elektrische Verschiebungsdichte« heißt, stimmt im Vakuum der Richtung nach mit dem Feldvektor $\mathfrak{E}$ überein und hat die Größe $\mathfrak{D} = \varepsilon_0 \cdot \mathfrak{E}$. Die Feldlinien des $\mathfrak{D}$-Vektors sind die Verschiebungslinien; die Gesamtheit der Verschiebungslinien heißt Verschiebungsfluß. Die Verschiebungsdichte ist demnach der Verschiebungsfluß dQ je Flächenelement dF_n senkrecht zu ihm, also $|\mathfrak{D}| = dQ/dF_n$. Legt man um eine Elektrode eine Hüllfläche, so ist der durch sie tretende Verschiebungsfluß gleich der Ladung der Elektrode.

$$\oint_{\text{Gesamte Hüllfläche}} |\mathfrak{D}| \cdot dF_n = Q \quad \ldots \ldots \ldots \ldots \quad (14)$$

Auf der Oberfläche der Elektrode wird die Verschiebungsdichte mit der Ladungsdichte identisch: $\sigma \equiv |\mathfrak{D}|$. Legt man die Hüllfläche so, daß von ihr keine Ladungen umschlossen werden, so wird der Wert des Hüllenintegrals Null.

$$\oint_{\text{Gesamte Hüllfläche}} |\mathfrak{D}| \, dF_n = 0 \quad \ldots \ldots \ldots \ldots \quad (15)$$

Unter räumlicher Elektrizitätsdichte versteht man die Ladungsmenge, die je Volumenelement dV im Raum vorhanden ist; man spricht von Raumladungsdichte ϱ. Man definiert also $\varrho = dQ/dV$. Daher wird auch die gesamte Ladung Q in einem durch eine Hüllfläche umgrenzten Raum

$$Q = \oint_{\text{Von Hülle umgrenzter Raum}} \varrho \, dV \quad \ldots \ldots \ldots \ldots \quad (16)$$

Nun folgt aus Gleichung (14) und (16) unmittelbar

$$\oint_{\substack{\text{Oberfläche} \\ \text{der Hülle}}} |\mathfrak{D}| \, dF_n = \oint_{\substack{\text{Von Hülle um-} \\ \text{grenztem Raum}}} \varrho \, dV \quad \ldots \ldots \ldots \quad (17)$$

Dieses Integral bildet den Inhalt des Gaußschen Satzes und besagt: Die Summe der in einem von einer Hüllfläche umgrenzten Raum vorhandenen Ladungen ist gleich dem gesamten Verschiebungsfluß, der aus der Hüllfläche senkrecht austritt.

Spielen sich die Vorgänge nicht im Vakuum ab, sondern in einem homogenen isotropen Medium, so gelten die Beziehungen:

$$\mathfrak{D} = \varepsilon \cdot \varepsilon_0 \, \mathfrak{E}; \quad \mathfrak{E} = \frac{1}{\varepsilon} \cdot \frac{\mathfrak{D}}{\varepsilon_0} \quad \ldots \ldots \ldots \quad (18)$$

Darin ist ε die relative Dielektrizitätskonstante des betreffenden Stoffes. Für die physikalische Vorstellung ist es nützlich, den Unterschied im Verhalten des leeren gegenüber dem eines mit Materie erfüllten Raumes als Wirkung der Materie aufzufassen.

Während der Feldstärke die Einheit Spannung je Längeneinheit, also V/cm, zukommt, erhält die Verschiebungsdichte die Dimension Ladung je Flächeneinheit, also Cb/cm² oder, was dasselbe ist, As/cm².

7. Influenz auf Nichtleitern.

Betrachtet werde die Anordnung des Bildes 15. Die beiden Kondensatorplatten werden an eine Batterie von der Spannung U ange-

schlossen. Der Kondensator lädt sich
auf. Den Quotienten aus Ladung und
Spannung, also Q/U, bezeichnet man
als Kapazität C,

$$Q = C \cdot U \quad \ldots \ldots (19)$$

Bei gegebener Spannung kann das
System also nur eine bestimmte Elektrizitätsmenge aufnehmen, die um so
größer wird, je größer die Kapazität
ist. Die Einheit der Kapazität ist das
Farad (F)[1].

Schieben wir nun zwischen die
Kondensatorplatten A und B eine Iso-

Bild 15. Durch Einschieben eines Dielektrikums in einen Plattenkondensator vergrößert sich die Kapazität um den Fak-
tor ε, wie aus dem Ausschlag des Galvano-
meters geschlossen werden kann.

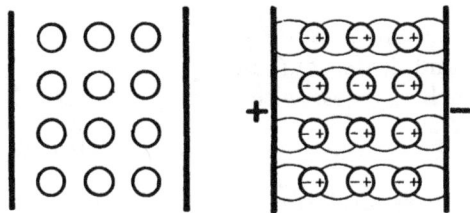

lierstoffplatte (z. B. Paraffin, Schwefel oder Hartgummi) ohne die
Kondensatorplatten zu berühren, so stellen wir an unserem Galvano-
meter einen Ausschlag fest; es ist noch mehr Ladung auf den Kondensator geflossen. Da wir die Spannung des Kondensators auf dem konstanten Wert der Batterie U gehalten haben, muß sich nach Gleichung
(19) die Kapazität geändert haben. Sie wird durch Einschieben einer
lsolierstoffplatte vergrößert, und zwar ist die Größe der Änderung abhängig vom Material des Isolierstoffes. Diese grundlegende Entdeckung
haben wir Faraday zu verdanken. Der Faktor ε, um den sich die Kapazität dabei vervielfacht, erweist sich als eine dem Isolierstoff eigentümliche Materialkonstante und ist mit der oben definierten relativen Dielektrizitätskonstante identisch.

Den Vorgang erklären wir uns mit dem Begriff der dielektrischen
Polarisation. Wir müssen uns vorstellen, daß jeder materielle Körper
positive und negative Elektrizitätsteilchen enthält, und zwar, wenn er
elektrisch neutral ist, von je-
der Sorte gleich viel. Während
bei den Leitern wenigstens der
eine von beiden frei beweglich
ist — bei Metall die Elektronen,
bei Elektrolyten die Ionen —,
sind beim Isolator beide in ge-
wisser Weise elastisch an eine
Gleichgewichtslage gebunden.
Bringt man einen Isolator in
ein elektrisches Feld, dann muß

Bild 16a—b. Isolator ins elektrische Feld gebracht,
die vorher neutralen Moleküle werden zu Dipolen.
»Influenzeffekt«.

man annehmen, daß jedes einzelne Molekül des Dielektrikums durch das
Feld influenziert wird. Die Ladungen können der Feldwirkung nur

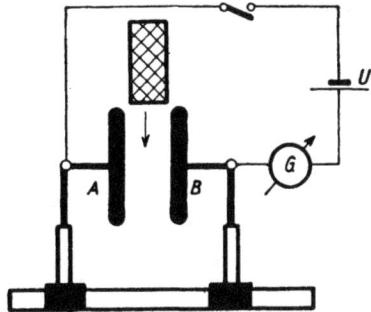

---

[1] S. Kap. 9, Maßsystem und Einh.

wenig folgen. Die Moleküle erhalten polare Eigenschaften; sie werden zu Dipolen. Hierbei sind zwei verschiedene Vorgänge voneinander zu unterscheiden: 1. Wenn Dipole neu gebildet werden, spricht man von einem »Influenzeffekt« (Bild 16a und b). 2. Vorhandene Dipole, die sich infolge der Wärmebewegung in regelloser Unordnung im Dielektrikum befinden, werden in Richtung des Feldes gedreht; man spricht vom »Richtungseffekt« (Bild 17a und b). Beide Effekte überlagern sich im gleichen Sinn. Die Bewegung der Moleküle kommt zum Stillstand, wenn die Verschiebung einen gewissen, der Stärke des Feldes proportionalen Betrag erreicht

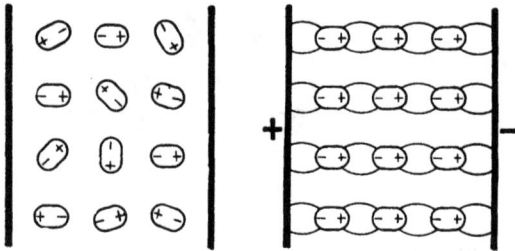

Bild 7a—b. Isolator ins elektrische Feld gebracht. Die schon vorhandenen regellos durcheinanderliegenden Dipole werden in Feldrichtung gedreht. »Richtungseffekt«.

hat; die Ausrichtung verschwindet wieder, wenn das erregende Feld abgeschaltet wird. Die Ausrichtung bzw. die Entstehung und Ausrichtung der Dipole nennen wir Polarisation und beschreiben sie durch den Vektor P. Bei homogener Polarisation, d. h. Polarisation im homogenen Feld, können sich im Innern des Isolators keine Ladungen bilden, dagegen treten an der Grenze des Dielektrikums Oberflächenladungen auf, die man als scheinbare Ladungen bezeichnet. Diese schwächen das elektrische Feld im Dielektrikum um den Betrag der Polarisation.

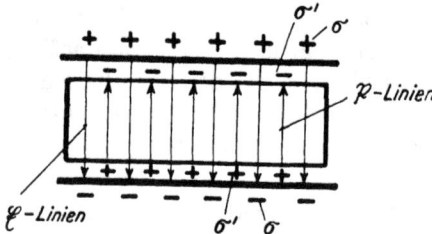

Bild 18. Plattenkondensator mit mehrfachen Dielektrikumschichten. (Zur Ableitung von Gl. (20)u. ff.)

Betrachtet werde ein ebener Plattenkondensator mit dem Plattenabstand d, der auf die Spannung U aufgeladen und von der Spannungsquelle abgeschaltet ist (Bild 18). Im Vakuum ist die Feldstärke $|\mathfrak{E}| = U/d$, die nach Gleichung (18) auch $|\mathfrak{E}| = \dfrac{\mathfrak{D}}{\varepsilon_0}$ ist. Nun werde eine Isolierstoffplatte mit der DK ε eingeschoben. Hierdurch ändert sich an der Ladung Q der Platten nichts; sie wird deshalb auch als »wahre Ladung« bezeichnet. Die Verschiebungsdichte $|\mathfrak{D}|$, die wir gleich der Belegungsdichte σ der Elektrizität gefunden haben, wird deshalb auch keine Änderung erfahren. Daher sind

die Quellen der $\mathfrak{D}$-Linien die wahren Ladungen. Dagegen übertrifft die Feldstärke im Vakuum die im Dielektrikum um den Betrag (nach Gleichung (13) und (18)):

$$\frac{\mathfrak{D}}{\varepsilon_0} - \frac{1}{\varepsilon} \cdot \frac{\mathfrak{D}}{\varepsilon_0} = (\varepsilon - 1) \cdot \mathfrak{E} = \mathfrak{P} \quad \ldots \ldots \quad (20)$$

also um die Größe der Polarisation, die wir durch diese Gleichung definieren. Die durch die Polarisation hervorgerufenen, scheinbaren Ladungen σ' an der Oberfläche der Dielektrika kompensieren teilweise die wahren Ladungen auf den angrenzenden metallischen Belegungen; die Differenz von wahrer und scheinbarer Ladung wird als freie Ladung bezeichnet.

Die Quellen der $\mathfrak{E}$-Linien sind die freien Ladungen. Zur Vertiefung der Vorstellung dieser Zusammenhänge sollen an unser Kondensatorbeispiel noch folgende Betrachtungen angeschlossen werden: (Bild 18; da hier alle Feldvektoren senkrecht auf den Grenzflächen stehen, können die lateinischen Buchstaben verwendet werden.) Wie gefunden, war

$$\sigma = |\mathfrak{D}| \quad \ldots \ldots \ldots \ldots \ldots \quad (21)$$

Im Primärfeld E_p, das sich ohne Dielektrikum ausbildet, wird

$$E_p = \frac{\sigma}{\varepsilon_0}.$$

Im Sekundärfeld E_s, hervorgerufen durch die Oberflächenladung des Dielektrikums, deren Größe nach Gleichung (20)

$$\sigma' = - P \cdot \varepsilon_0$$

ist, wird

$$E_s = \frac{\sigma'}{\varepsilon_0} = - P.$$

Dieses entelektrisiert den Kondensator, so daß das resultierende Feld

$$E_r = \frac{\sigma + \sigma'}{\varepsilon_0} = \frac{\mathfrak{D}}{\varepsilon_0} - P$$

wird, wobei $\sigma + \sigma'$ die freie Ladung ist. Das Primärfeld übertrifft demnach das resultierende Feld um

$$\frac{E_p}{E_r} = \frac{D/\varepsilon_0}{D/\varepsilon - P} = \frac{\varepsilon}{\varepsilon - (\varepsilon - 1)} = \varepsilon.$$

Zur weiteren Klärung der Verhältnisse wollen wir zwei Plattenkondensatoren betrachten (Bild 19). Bei ihnen ist in dem einen das Dielektrikum (z. B. $\varepsilon = 2$) ganz und in dem anderen nur zur Hälfte eingeschoben. An beiden wollen wir $\mathfrak{D}$ und $\mathfrak{E}$ studieren. Für das Bild 19 soll gelten, daß die Spaltbreite δ zwischen Dielektrikum und Belegung gegenüber dem Plattenabstand d klein ist. Betrachten wir zunächst das Bild 19 a, so ist einleuchtend, daß, da die Quellen der $\mathfrak{D}$-Linien nur

in den wahren Ladungen auf den Elektroden zu suchen sind, an der Grenzfläche des eingeschobenen Isolators kein Sprung der Normalkomponente
dieser $\mathfrak{D}$-Linien auftritt.

$$\mathfrak{D}_{n_1} = \mathfrak{D}_{n_2} \text{ oder } \varepsilon_1 \mathfrak{E}_{n_1} = \varepsilon_2 \mathfrak{E}_{n_2} \quad \ldots \ldots \quad (22)$$

Jedoch ist die Verschiebungsdichte $\mathfrak{D}$ bei eingeschobenem Isolator $\mathfrak{D}$ um
den Faktor ε größer, als wenn die Aufladung des Kondensators bei
Vakuum als Zwischenraum vor sich gegangen wäre.

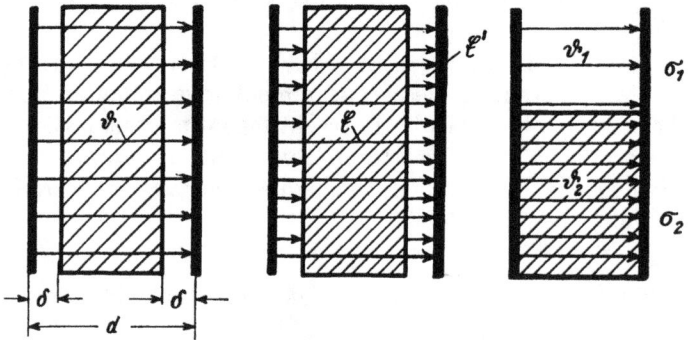

Bild 19 a—c. Plattenkondensator mit Mehrfachdielektrikum zum Studium von $\mathfrak{D}$ und $\mathfrak{E}$.

Die Feldstärke $\mathfrak{E}$ dagegen, dargestellt durch Feldlinien, deren
Quellen die freien Oberflächenladungen sind (Bild 19b), hat im Isolator
infolge der Entelektrisierung durch die Polarisation den $\dfrac{1}{\varepsilon}$ ten Teil seines
Wertes in der Luft des Spaltes. Im Spalt δ ist der Wert der Feld-
stärke $\mathfrak{E}' = \mathfrak{D}/\varepsilon_0$. Sie hat in Richtung der Normalen an der Grenze
des eingeschobenen Isolators einen Sprung; dieser ist proportional der
Oberflächenladung an dieser Stelle.

In Bild 19c ist der Kondensator zur Hälfte mit dem festen Isolator,
zur anderen Hälfte mit Luft gefüllt, und die Grenzfläche stehe senkrecht zur Plattenfläche. Hierbei muß die Feldstärke in Luft und die
im Dielektrikum gleich groß und zwar U/d sein, da die Spannung zwischen den Platten überall dieselbe ist. Die Verschiebungsdichte muß
nach der Beziehung $\mathfrak{D} = \varepsilon \cdot \varepsilon_0 \, \mathfrak{E}$ im festen Isolator εmal größer sein
als in Luft (in Bild 19c ist $\varepsilon = 2$). Die Verschiedenheit der Verschie-
bungsdichten bedingt auch, daß auf den Kondensatorplatten die Ober-
flächendichte der Ladung verschieden ist. Es ist σ_2 ebenfalls εmal
größer als σ_1.

Gehen wir in dem letzten Bild von oben nach unten durch den
Kondensator, so stellen wir fest, daß die Tangentialkomponente der
Verschiebungsdichte an der Grenze der Dielektrika einen Sprung er-
leidet, hingegen die Tangentialkomponente von $\mathfrak{E}$ unverändert bleibt,

so daß
$$\mathfrak{E}_{t_1} = \mathfrak{E}_{t_2} \quad \ldots \ldots \quad (23)$$

Gleichung (23) und (22) stellen das Brechungsgesetz für die elektrischen Feldlinien dar (Bild 20). Hierin wird

$$\frac{\operatorname{tg} \alpha_1}{\operatorname{tg} \alpha_2} = \frac{|\mathfrak{E}_{t_1}|/|\mathfrak{E}_{n_1}|}{|\mathfrak{E}_{t_2}|/|\mathfrak{E}_{n_2}|} = \frac{|\mathfrak{E}_{n_2}|}{|\mathfrak{E}_{n_1}|} = \frac{\varepsilon_1}{\varepsilon_2} \quad . . (24)$$

Wenn $\varepsilon_2 \gg \varepsilon_1$, wird $\alpha_2 \gg \alpha_1$. Das bedeutet, daß in einem Medium mit großer DK die Feldlinien nahezu senkrecht eintreten (zu

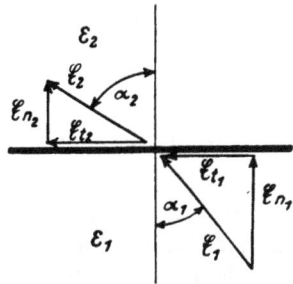

Bild 20. Brechungsgesetz der elektrischen Feldlinien. (Gl. (24)).

beachten bei Grenze von Isolatoren gegen Luft). Beispiele von der Brechung von Kraftlinien zeigen die Bilder 21a und b. Hier befindet sich eine dielektrische Kugel mit der DK ε_2 in einem Dielektrikum mit

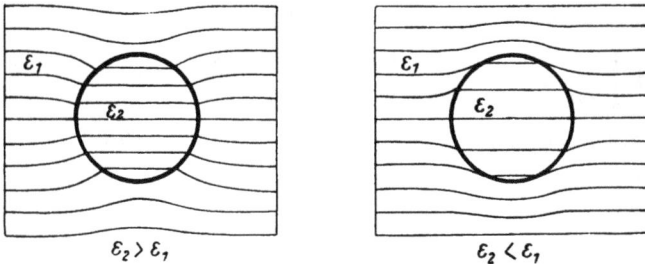

Bild 21 a—b. Elektrische Feldlinien an der Grenze zweier Dielektrika verschiedener DK.

der DK ε_1. Im Falle a ist $\varepsilon_2 > \varepsilon_1$, die Verschiebungslinien werden nach der Kugel hin zusammengedrängt; im Falle b ist $\varepsilon_2 < \varepsilon_1$, die Verschiebungslinien werden von der Kugel weggedrängt.

8. Maßsystem und Einheiten.

Ab 1940 sind die bisher international festgelegten, elektrischen Einheiten so geändert worden, daß sie den absoluten elektrostatischen und elektromagnetischen Einheiten angeglichen sind. Die Normalien werden nicht mehr durch empirische Festsetzungen verifiziert (Gesetz vom 1. Juni 1898), sondern ergeben sich aus den elektrostatischen und elektromagnetischen Grundgesetzen, nachdem man sich über die Einheiten von Länge, Masse und Zeit geeinigt hat.

Länge. Als Längennormal dient das Urmeter (1 m = 1 Meter), welches in Sèvres bei Paris aufbewahrt ist. Für den Fall, daß an diesem irgendwelche Veränderungen auftreten, hat man die Wellenzahl der roten Linie des Kadmiums auf 1 m bestimmt und diese als Normal festgesetzt. Es ist 1 m = 1 553 164,1 Wellenlängen dieses Lichtes.

Die Masseneinheit ist das Gramm (g). Es ist der tausendste Teiľ Teil des ebenfalls in Sèvres aufbewahrten Urkilogramms (kg). Dieses ist nach heutigen Messungen der PTR 1,000027 mal größer als die Masse von 1 dm³ Wasser bei 4° C und Normaldruck.

Die Zeiteinheit ist die Sekunde (s). Sie ist als der 84600. Teil eines mittleren Sonnentages festgesetzt.

Die Krafteinheit ist das Dyn. Es ist definiert als die Kraft, die der Masse 1 g die Beschleunigung von 1 cm/s² erteilt. In der Technik war es bisher üblich, als Krafteinheit das Kilogramm Kraft (kg) zu benutzen. Da es jedoch zu ständigen Verwechslungen zwischen Kilogramm Kraft und Kilogramm Masse gekommen ist, hat man als Krafteinheit das »Kilopond« (kp) vorgeschlagen. Dieses ist von der Physikalisch-Technischen Reichsanstalt für sich seit dem 28. 6. 39 als verbindlich erklärt und wird in der Wissenschaft bereits benutzt. Seine Definition lautet: Das Kilopond ist die Kraft, die einer Masse von 1 kg die Normalerdbeschleunigung von 9,80665 m/s² erteilt.

$$1 \text{ kp} = 1 \text{ kg} \cdot 9,80665 \text{ m/s}^2; \ 1 \text{ Dyn} = 1 \text{ g} \cdot 1 \text{ cm/s}^2 \left. \vphantom{\begin{matrix}a\\b\end{matrix}} \right\} \quad \ldots \ (25)$$
$$1 \text{ kp} = 980665 \text{ Dyn}$$

Die Arbeitseinheiten ergeben sich als abgeleitete Einheiten

$$1 \text{ Erg} = 1 \text{ Dyn} \cdot \text{cm} \left. \vphantom{\begin{matrix}a\\b\end{matrix}} \right\} \cdot \ (26)$$
$$10^7 \text{ Erg} = 1 \text{ Joule} = 1 \text{ Wattsek} = 1 \text{ V} \cdot 1 \text{ As} = 1 \text{ V} \cdot 1 \text{ Cb}$$

Nach Gleichung (25) haben wir es in der Hand, entweder das Volt oder das Coulomb festzulegen; eines von beiden ergibt sich zwangsläufig. Man hat nun mit Hilfe des Coulombschen Gesetzes die Elektrizitätsmenge festgelegt. Nach Gleichung (4) war

$$\mathfrak{K} = \mathfrak{f} \cdot \frac{Q_1 \cdot Q}{r} = Q \cdot \mathfrak{E} \ \ldots \ldots \ldots \ (27)$$

Die elektrostatische Einheit der Elektrizitätsmenge ergibt sich, wenn zwei gleich große, punktförmige Ladungen, die sich (im Vakuum) im Abstand von 1 cm befinden, die Kraft von 1 Dyn aufeinander ausüben. Die Konstante f wird dann 1 (Gauß-Weber), die Dimension von Q wird Länge $\times \sqrt{\text{Kraft}}$. Hierin liegen gewisse Vorstellungsschwierigkeiten, da es schlechterdings nicht möglich ist, sich unter »Länge mal $\sqrt{\text{Kraft}}$« eine Ladung vorzustellen. Trotzdem führt das elektrostatische CGS-System dies systematisch für alle elektrischen Größen durch; man erhält dann für diese gebrochene Exponenten von Länge, Masse und Zeit. Um diesen Schwierigkeiten zu begegnen, hat das praktische Maßsystem eine Einheit für die Ladung eingeführt, nämlich das Coulomb (Cb).

Es ist

$2,9977 \cdot 10^{-9}$ elektrostatische Elektrizitätsmengeneinheiten $= 1$ Cb.

Praktisch wird als Ladungseinheit nur noch das Cb benutzt, oder was dasselbe ist, die Amperesekunde (1 As $=$ 1 Cb).

Außerdem ist somit die Spannungseinheit auch festgelegt. Nach Gleichung (26) ist 1 V $= 10^7$ Erg/1 Cb.

Aus Früherem ergab sich im Vakuum:

$$\mathfrak{K} = Q \cdot \mathfrak{E}; \quad \mathfrak{E} = \frac{\mathfrak{D}}{\varepsilon_0}; \quad |\mathfrak{D}| = \sigma.$$

Für die Punktladung wird

$$\sigma = |\mathfrak{D}| = \frac{Q}{4 \pi r^2} \quad \quad \ldots \ldots \text{(28)}$$

somit

$$|\mathfrak{K}| = \frac{Q_1 \cdot Q}{4 \pi \varepsilon_0 r^2} \quad \quad \ldots \text{(29)}$$

und im Dielektrikum mit der DK ε:

$$|\mathfrak{K}| = \frac{Q_1 \cdot Q}{4 \pi \varepsilon \cdot \varepsilon_0 r^2} \ldots \ldots \ldots \ldots \text{(30)}$$

Das ist das verallgemeinerte Coulombsche Gesetz.

Das elektrostatische CGS-System ist so gewählt, daß ε_0 genau $1/4 \pi$ wird. Im praktischen Maßsystem wird

$$\varepsilon_0 = \frac{10^9}{4 \pi c^2} = 0{,}88540 \cdot 10^{-13} \frac{\text{Cb/cm}^2}{\text{V/cm}}$$

(nach Gleichung (13) und (18), worin c die Lichtgeschwindigkeit mit $2{,}9979 \cdot 10^{10}$ cm/s bedeutet).

Als Kapazität hatten wir den Quotienten Q/U definiert. Sie erhält also die Dimension Cb/V. Diese Einheit nennen wir nach Faraday das Farad (F); 1 Cb/V $=$ 1 F. Die Konstante ε_0 erhält demnach auch die Dimension F/cm.

Die Kapazität einer im freien Raum schwebenden Kugel mit dem Radius r wird:

$$C = \frac{Q}{U} = \frac{Q}{\int\limits_\infty^r |\mathfrak{E}|\, dr} = \frac{Q}{\int\limits_\infty^r \frac{Q\, dr}{4 \pi \varepsilon_0 r^2}} = \frac{4 \pi \varepsilon_0}{\frac{1}{r}} = 4 \pi \varepsilon_0 r\ [F] \quad \ldots \text{(31)}$$

Im elektrostatischen CGS-System wird, da $\varepsilon_0 = \frac{1}{4 \pi}$, die Kapazität $C = r$. Die Dimension ist hierbei das cm. Zwischen beiden Maßsystemen besteht die Beziehung

$$1\ \text{Farad} = 8{,}98645 \cdot 10^{11}\ \text{cm} \quad \ldots \ldots \text{(32)}$$

Die Kapazität eines Plattenkondensators mit der Größe F einer Platte und dem Plattenabstand d wird

$$C = \frac{Q}{U} = \frac{Q}{\int_0^d |\mathfrak{E}|\, ds} = \frac{Q}{\int_0^d \frac{Q}{\varepsilon_0 F}}\, ds = \frac{\varepsilon_0 \cdot F}{d} \quad \ldots \ldots \quad (33)$$

Mißt man den Widerstand einer Leitung, die vom Strom I durchflossen wird, so bestimmt sich der Widerstand R der Leitung zu $R = U/I$,s eine Dimension wird V/A. Hierfür ist die Einheit Ohm (Ω) eingeführt.

9. Energie des elektrischen Feldes im Raum mit Dielektrikum.

Im allgemeinen hat man es nicht mit Feldern im materiefreien Raum zu tun, sondern mit solchen im Dielektrikum. Auch die Luft und alle Gase stellen Dielektrika dar, jedoch ist für sie ε nahezu 1. Der Faktor ε fällt also bei fast allen Gleichungen der Felder in Luft weg, da der Feldverlauf nicht in allen Fällen so genau anzugeben ist, daß der Fehler durch Vernachlässigungen von ε sich irgendwie auswirken könnte.

Betrachtet werde eine Metallplatte im Raum, die mit einer Ladung Q aufgeladen sei (Bild 22a), die Wirkungen am Rand sollen vernachlässigt werden. Legt man eine Hüllfläche um die Platte (Bild 22b), deren Oberfläche $2F$ ist (Dicke vernachlässigbar klein), so erhält man

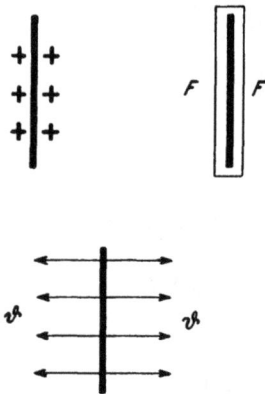

Bild 22a—c. Ladungsdichte und Verschiebungsdichte einer mit Ladung versehenen Metallplatte.

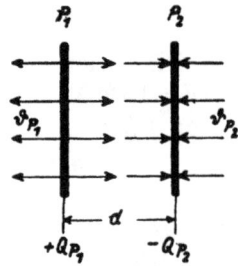

Bild 23. Verschiebungsdichte zweier entgegengesetzt-gleich aufgeladener Platten im Abstand d.

eine Flächendichte $\sigma = Q/2F$. Diese sitzt auf jeder Seite der aufgeladenen Platte. Die Verschiebungsdichte wird $|\mathfrak{D}| = \sigma = Q/2F$, die normal von jeder Seite in den Raum weist (Bild 22c).

Betrachtet man nun zwei entgegengesetzt aufgeladene Platten im Abstand d voneinander (Bild 23), so sieht man, daß sich innerhalb des

Kondensators die Verschiebungsdichten addieren, die Resultierende also den Wert $|\mathfrak{D}| = \dfrac{Q}{2F} + \dfrac{Q}{2F} = \dfrac{Q}{F}$ hat, und zwar unabhängig von d, während außerhalb der Platten die Verschiebungsdichte Null ist, da die von den beiden Platten herrührenden Anteile sich aufheben.

Wir fragen nun nach der Kraft, mit der sich die beiden Platten im Abstand d einander anziehen. Hierzu benutzen wir unsere Grundgleichung $\mathfrak{K} = Q\mathfrak{E}$ und nehmen an, daß sich die Platte P_1 mit der Ladung $+ Q_{P_1}$ im Feld der Platte P_2 mit der Ladung $- Q_{P_2}$ befindet. Die Kraft wird demnach

$$|\mathfrak{K}| = Q_{P_1} \cdot |\mathfrak{E}_{P_2}| = Q_{P_1} \cdot \frac{1}{\varepsilon_0} \mathfrak{D}_{P_2} = Q_{P_1} \cdot \frac{1}{\varepsilon_0} \cdot \frac{Q_{P_2}}{2F} \quad \ldots \ldots (34)$$

in welcher $\mathfrak{D}_{P_2}$ die Verschiebungsdichte ist, die von der Platte P_2 allein herrührt. Diese Darstellung ist jedoch ungebräuchlich; man drückt die Kraft im allgemeinen durch die zwischen beiden Platten vorhandene Verschiebungsdichte aus. Da ferner $|Q_{P_1}| = |Q_{P_2}|$ ist, können die Fußzeiger wegfallen, und man erhält aus (34)

$$|\mathfrak{K}| = \frac{1}{2} \cdot \frac{1}{\varepsilon_0} \cdot Q \cdot |\mathfrak{D}| = \frac{1}{2} \cdot \frac{1}{\varepsilon_0} |\mathfrak{D}|^2 \cdot F = \frac{1}{2} \varepsilon_0 |\mathfrak{E}|^2 \cdot F = \frac{1}{2} (\mathfrak{E} \cdot \mathfrak{D}) \cdot F \quad (35)$$

Die Energie, die im Feld zwischen den Platten aufgespeichert ist, ergibt sich, wenn man die Arbeit A berechnet, die bei Verschiebung der einen Platte um die Strecke x aufgebracht werden muß. Sie wird

$$A = |\mathfrak{K}| \cdot x = \frac{1}{2} \cdot \frac{1}{\varepsilon_0} |\mathfrak{D}|^2 \cdot F \cdot x = \frac{1}{2} \cdot \frac{1}{\varepsilon_0} |\mathfrak{D}|^2 \cdot V.$$

Das Volumen $V = F \cdot x$ muß neu mit elektrischer Verschiebung gefüllt werden. Die Energie, die je Volumeneinheit aufgebracht werden muß, also die Dichte s der freien Energie (Energiedichte), wird somit

$$s = \frac{A}{V} = \frac{1}{2} \cdot \frac{1}{\varepsilon_0} |\mathfrak{D}|^2 = \frac{1}{2} (\mathfrak{E} \cdot \mathfrak{D}) \quad \ldots \ldots (36)$$

Diese Gleichung gilt ganz allgemein für jedes elektrische Feld. Der Gesamtenergieinhalt S eines beliebigen Feldes wird damit

$$S = \frac{1}{2} \int_V (\mathfrak{E} \cdot \mathfrak{D}) \cdot dV \quad \ldots \ldots \ldots \ldots (37)$$

Wir wollen noch einmal den Plattenkondensator betrachten, und zwar in der Weise, daß im Anfangszustand sich Luft zwischen den Platten befindet und wir dann den Raum mit einem Dielektrikum mit der DK ε ausfüllen. Hierbei soll a) die Ladung Q auf den Platten und b) die Spannung U zwischen den Platten konstant gehalten werden.

a) **Konstante Ladungen.** Größen zu Anfang mit Index (1); nach Einbringen des Dielektrikums mit Index (2). Es wird:

$Q_1 = Q_2 = Q$ nach Voraussetzung;

$$|\mathfrak{D}_1| = \frac{Q}{F}; \quad U_1 = \frac{Q}{C_1}; \quad |\mathfrak{E}_1| = \frac{U_1}{d} = \frac{|\mathfrak{D}_1|}{\varepsilon_0} \quad .$$

$$s_1 = \frac{1}{2}(\mathfrak{E}_1 \cdot \mathfrak{D}_1).$$

Im Endzustand:

$$|\mathfrak{D}_2| = \frac{Q}{F} |\mathfrak{D}_1| = |\mathfrak{D}|; \quad \mathfrak{E}_2 = \frac{\mathfrak{D}}{\varepsilon_0 \cdot \varepsilon}; \quad C_2 = \varepsilon \cdot C_1; \quad U_2 = \frac{Q}{\varepsilon\, C_1} = \frac{U_1}{\varepsilon}$$

$$s_2 = \frac{1}{2} \cdot \frac{1}{\varepsilon}(\mathfrak{E}_1 \cdot \mathfrak{D}).$$

Nach Einbringen des Dielektrikums sinken also Feldstärke, Spannung und Energiedichte auf den $\frac{1}{\varepsilon}$ Teil.

b) **Konstante Spannung zwischen den Platten.** Hierbei wird:

$U_1 = U_2 = U$ nach Voraussetzung;

$$|\mathfrak{E}_1| = \frac{U}{d}; \quad C_1 = \frac{\varepsilon_0 \cdot F}{d}; \quad \mathfrak{D}_1 = \varepsilon_0\, \mathfrak{E}_1;$$

$$Q_1 = C_1 \cdot U; \quad s_1 = \frac{1}{2}\varepsilon_0\, \mathfrak{E}_1{}^2; \quad S_1 = \frac{1}{2}\varepsilon_0\, \mathfrak{E}_1{}^2\, V = \frac{1}{2} Q_1 \cdot U.$$

Im Endzustand:

$$|\mathfrak{E}_2| = \frac{U}{d} = |\mathfrak{E}_1| = |\mathfrak{E}|; \quad \mathfrak{D}_2 = \varepsilon_0 \cdot \varepsilon \cdot \mathfrak{E}; \quad C_2 = \frac{\varepsilon \cdot \varepsilon_0\, F}{d} = \varepsilon \cdot C_1$$

$$Q_2 = C_2 \cdot U = \varepsilon \cdot C_1 \cdot U = \varepsilon \cdot Q_1; \quad s_2 = \frac{1}{2}\varepsilon_0 \cdot \varepsilon\, \mathfrak{E}^2;$$

$$S_2 = \frac{1}{2}\varepsilon_0 \cdot \varepsilon\, |\mathfrak{E}|^2 \cdot V = \frac{1}{2} Q_2 \cdot U.$$

Es vergrößern sich also Verschiebungsdichte, Ladung und Energiedichte um das εfache.

Weiter wird die Zunahme des Energieinhaltes S des Kondensators

$$S_2 - S_1 = \frac{1}{2} Q_2 \cdot U - \frac{1}{2} Q_1 \cdot U = \frac{1}{2} U \cdot Q_1 (\varepsilon - 1) \quad . \quad . \quad . \quad (38)$$

während die Arbeit $\varDelta A$, die durch die Batterie nachgeliefert werden muß,

$$\varDelta A = (Q_2 - Q_1) \cdot U = U \cdot Q_1 (\varepsilon - 1) \quad . \quad . \quad . \quad . \quad . \quad (39)$$

beträgt.

Die in das System neu hinzugekommene Energie beträgt also nur die Hälfte derjenigen, die durch die Batterie zur Aufrechterhaltung von U abgegeben werden muß. Die andere Hälfte ist als Arbeit am Dielektrikum (dadurch, daß dasselbe ins Feld hineingezogen wird) zu gewinnen. Im vorliegenden Fall ist die Kapazitätsänderung durch Einschieben eines anderen Dielektrikums hervorgerufen worden. Grundsätzlich ergibt sich bei jeder Kapazitätsänderung — hervorgerufen z. B. durch Auseinanderziehen oder Zusammenschieben der Platten — dieselbe Bilanz des Energieumsatzes:

Bei Abnahme der Kapazität gibt der Kondensator in den Stromkreis Arbeit ab. Für die eine Hälfte kommt die dielektrische Energie auf; die andere Hälfte muß durch Zufuhr mechanischer Energie gedeckt werden. Beide Anteile sind gleich groß.

Bei Zunahme der Kapazität muß dem Kondensator aus dem Stromkreis Arbeit zugeführt werden. Die eine Hälfte wird dem Dielektrikum zugeführt, die andere Hälfte kann man in mechanischer Arbeit gewinnen.

Aus dieser Tatsache und besonders deutlich aus dem letzten Beispiel folgt, daß eine Arbeitsmaschine, die man nach dem Prinzip der Kapazitätsänderung arbeiten lassen wollte, nur einen Wirkungsgrad $\eta = 0,5$ haben kann, denn von der zugeführten elektrischen Arbeit kann jeweils nur die Hälfte in mechanische Arbeit umgesetzt werden. Nun beruhen alle elektrizitätserzeugenden Influenzmaschinen auf Kapazitätsänderungen. Ihre theoretische Wirkungsgradgrenze liegt deshalb bei 0,5.

10. Reibungselektrizität.

Es ist ein allgemein verbreiteter Irrtum, daß die Menge der bei einem Reibungsprozeß, z. B. bei Reibung eines Hartgummistabes mit einem Katzenfell, entstehenden Elektrizität von der Heftigkeit und Dauer des Reibens abhängig ist. Wir wissen heute, daß das Reiben an sich von untergeordneter Bedeutung ist; vielmehr liegt das Wesentliche des Vorganges in der innigen Berührung und nachfolgenden Trennung der beiden Körper, wobei deren Oberflächenbeschaffenheit eine besondere Rolle zukommt.

Es wurden für die Erzeugung der Elektrizität durch Reibung von Coehn (1898) zwei Gesetzmäßigkeiten gefunden, von denen die erste für Isolatoren heute noch Gültigkeit hat, während die zweite nur für einige Stoffe zuzutreffen scheint.

1. Coehnsche Regel. Das Dielektrikum mit höherer DK lädt sich positiv auf gegen das Dielektrikum mit kleinerer DK.

2. Coehnsche Regel. Die bei der Trennung zweier sich berührender Dielektrika entstehende Ladungsmenge ist proportional der Differenz der DK.s $[Q = K (\varepsilon_1 - \varepsilon_2)]$.

Helmholtz hat den Gedanken ausgesprochen, daß sich an der Grenze von festen oder flüssigen Körpern elektrische Doppelschichten von etwa 10^{-6} bis 10^{-7} cm Dicke ausbilden (Bild 24), so daß ein nach außen elektrisch neutraler Körper von einem beständigen Feld von molekularer Dimension umgeben ist. Man kann sich zwei Hüllflächen im Abstand $d = 10^{-6} — 10^{-7}$ cm vorstellen, von denen die äußere die ($-$) Ladungen und die innere die ($+$) Ladungen trägt und so eine Art Kondensator bilden. Daß diese Doppelschichten wirklich vorhanden sind, läßt sich durch folgenden Versuch nachweisen: Taucht man

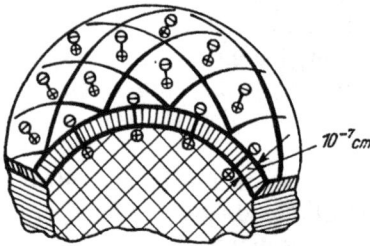

Bild 24. Schema einer elektrischen Doppelschicht um einen Körper.

eine Kugel aus dielektrischem Material, die an einem isolierenden Steg befestigt ist, ins Wasser, wobei die Kugel von dem Wasser aber nicht benetzt werden darf, und zieht sie wieder heraus, so kann man auf ihr eine negative Ladung nachweisen; negativ deshalb, weil das Wasser mit seiner außerordentlich großen DK sich positiv aufgeladen hat (1. Coehnsche Regel). Die positive Aufladung des Wassers kann man ebenfalls in einem Becherelektrometer feststellen. Durch die innige Berührung der beiden Körper wird offenbar die Doppelschicht zerstört, Elektronen des einen gehen dabei auf den anderen Körper über, und nach der Trennung hat der eine eine positive, der andere eine negative Überschußladung. Man kann sich vorstellen, daß bei einer Berührung zweier Körper mit verschiedener DK die Feldstärke in der Doppelschicht des Körpers mit größerer DK kleiner ist als die des Körpers mit kleiner DK. Die Anziehungen zwischen den Ladungen der Doppelschicht des Körpers größerer DK sind kleiner als bei dem anderen Körper; er wird also seine Elektronen leichter abgeben und erscheint nach der Trennung positiv aufgeladen. Für die Erzeugung von Elektrizität auf Grund des vorliegenden physikalischen Verhaltens ist es daher notwendig, daß die beiden Körper sich sehr nahekommen. Die Moleküle des einen Körpers, die die Anziehung auf die Elektronen des anderen ausüben, müssen genau so dicht an diese herankommen, wie dessen eigene Moleküle entfernt sind. Hierzu ist vor allen Dingen erforderlich, daß die Oberflächen gut poliert sind.

Auch Metalle laden sich bei der Berührung und Trennung mit einem Dielektrikum auf. Da sie ihre Elektronen leicht abgeben, bleiben sie stets positiv aufgeladen zurück.

II. Elektrostatische Meßgeräte.

11. Das Meßprinzip.

Wir haben als unmittelbare Folge einer Potentialdifferenz zwischen zwei Körpern die zwischen ihnen wirkende Kraft festgestellt. Sie wurde zuerst zu einer Meßanzeige beim Elektroskop benutzt. Auf diesem Prinzip beruhend sind viele Konstruktionen angegeben, deren Zweck es ist, Potentialdifferenzen mit möglichst kleinem Eigenverbrauch des Instrumentes zu messen. Die elektrostatischen Geräte sind noch längst nicht nach einheitlichen Gesichtspunkten gebaut, wie das etwa bei den elektromagnetischen Geräten der Fall ist; deshalb wollen wir die Grundprinzipien unter besonderer Berücksichtigung derjenigen besprechen, die bei hohen Spannungen (50 kV und mehr) angewendet werden können. Wir betrachten eine einfache Anordnung (Bild 25) und fragen nach der Größe des Ausschlages s bei Anlegen einer Spannung U. Die Platte a sei beweglich, die Platte b fest. Die Einleitung des Meßvorganges nehmen wir folgendermaßen vor: 1. Wir halten die Platte a in ihrer Stellung fest und legen die Spannung U an. Hierbei wird sich der Plattenkondensator seiner Kapazität entsprechend aufladen. Infolge der Aufladung der Platten wirkt zwischen ihnen eine Kraft K, die die Kapazität zu vergrößern anstrebt. Lassen wir nun die Platte a los, so wird sie,

Bild 25. Messung von U durch Bestimmung der Abstandsänderung der Kondensatorplatten.

der Kraft K folgend, die Feder f strecken und der Platte b um den Betrag ds näher kommen. Die mechanische Energie $K \cdot ds$ muß nun gleich der elektrischen Energiezunahme bei dieser Bewegung sein, die nach Kap. 9, $\frac{1}{2}\,U^2\,dC$ ist, also

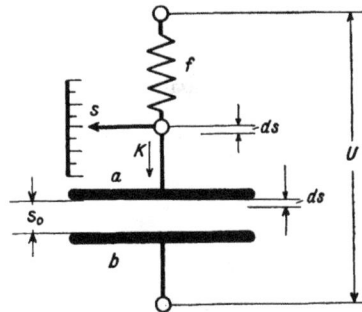

$$K = \frac{1}{2}\,U^2 \cdot \frac{dC}{ds} \quad \ldots \ldots \ldots \quad (40)$$

wobei der funktionelle Zusammenhang zwischen C und s durch die Beziehung $C = \dfrac{\varepsilon_0 F}{s_0 - s}$ gegeben ist. Damit wird

$$\frac{dC}{ds} = \frac{\varepsilon_0 \cdot F}{(s_0 - s)^2}$$

3*

und

$$K = \frac{\varepsilon_0 \cdot F}{2} \left(\frac{U}{(s_0 - s)} \right)^2$$

oder, da $s \ll s_0$ meist ist,

$$K \approx \frac{\varepsilon_0 \cdot F}{2} \left(\frac{U}{s_0} \right)^2 \qquad \dots \dots (41)$$

Bei der vorliegenden Anordnung verkleinert sich der wirksame Abstand zwischen den Platten. Die Zunahme der Kapazität kann aber auch, wie aus der Gleichung für C hervorgeht, durch Vergrößerung der wirksamen Fläche F gewonnen werden und ist durch eine Anordnung nach Bild 26 verwirklicht. Die Funktion $C = f(F, s)$ kann hier natürlich eine kompliziertere Gestalt haben und ist abhängig von der Funktion, nach welcher sich die beiden Platten überdecken, wobei also $F = F(s)$ ist, eine Funktion, die z. B. sinusförmig veränderlich sein kann. Im hiesigen, speziellen Fall, wo sich rechteckige Platten parallel zu ihren Kanten verschieben, geht sie in die Form $F = F_0 (1 + ks)$ über, wobei k ein konstanter Wert ist. Für C gilt dann:

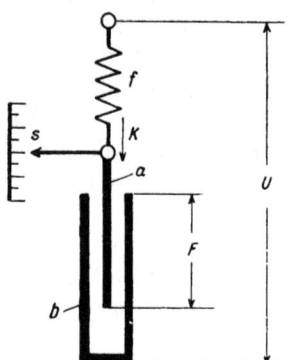

Bild 26. Messung von U durch Bestimmung der Flächenänderung des Kondensators.

$$C = \frac{\varepsilon_0 \cdot F_0}{s_0} [1 + k \cdot s]; \quad \frac{dC}{ds} = \frac{\varepsilon_0 \cdot F_0}{s_0} \cdot k \quad \dots \dots (42)$$

und

$$K = k \cdot \frac{\varepsilon_0 \cdot F_0}{2 s_0} \cdot U^2 \quad \dots \dots \dots (43)$$

Zur wirksamen Fläche zählen hierbei beide Seiten der Platte a. Der Funktionsverlauf $F(s)$ ist bei einem gewöhnlichen Instrument meist nicht bekannt und wird durch Versuch ermittelt. Eine rechnerische Ermittlung ist nur für geometrisch einfache Gebilde möglich.

Bei elektrostatischen Meßgeräten ist die Einstellkraft im allgemeinen gering, insbesondere wenn — was fast immer der Fall ist — das Dielektrikum zwischen den Kondensatorplatten Luft von 1 ata ist. Hierbei kann deshalb als Feder, die die Rückstellkraft liefert, nicht die sonst gebräuchliche Spiralfeder Anwendung finden. Als Feder dient dann ein dünnes Metallband oder ein Metallfaden, der auf Verdrehung beansprucht wird. Ein auf vorliegendem Prinzip beruhendes Gerät ist für Gleich- und Wechselspannung brauchbar, da in dem Ausdruck für K immer das Quadrat der Spannung U auftritt, so daß — unabhängig vom Vorzeichen von U — das Quadrat immer positiv wird.

12. Ausgeführte Geräte.

a) Spannungswaage (Bild 27): Diese ist zuerst mit Schutzringen versehen von W. Thomson angegeben. Der Schutzring, der mit der beweglichen Platte elektrisch verbunden ist, gibt die Gewähr, daß der Feldverlauf in dem Teil des Feldes, der zur Messung herangezogen wird, wirklich homogen ist. Durch Bestimmung von K, F und s_0, also rein mechanischer Größen, kann die Spannung zwischen den Kondensatorplatten angegeben werden. Es wird

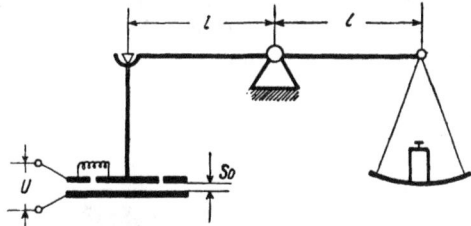

Bild 27. Spannungswaage zur Absolutbestimmung von U durch Kraft, Plattenfläche und Abstand.

$$U = s_0 \sqrt{\frac{2\,K}{\varepsilon \cdot \varepsilon_0\,F}} \qquad \dots \dots \dots \dots (44)$$

Bei Messung einer sehr hohen Spannung, bei welcher ein Normalelement keine Verwendung finden kann, bietet diese Methode die einzige Möglichkeit, Spannungen absolut zu bestimmen. Man hat solche Geräte in Preßgas bis zu 360 kV als Spannungsnormale gebaut.

b) Schutzringspannungsmesser von Starke und Schröder: Bild 28 zeigt den grundsätzlichen Aufbau des Gerätes, das heute in vielen Laboratorien und Röntgeninstituten zur Hochspannungsmessung herangezogen wird. Auf dem festen Gestell A sind auf zwei Isolatoren B sauber abgerundete, kreisförmige Elektroden C und D aufgesetzt, zwischen denen die zu messende Spannung U liegt. In der Elektrode C ist eine kleine bewegliche Elektrode E, die der Anziehungskraft des Feldes unter Betätigung des Meßwerkes — meist eines von einem Lichtstrahl getroffenen Spiegelchens — mit einem ihr proportionalen Betrag folgt. Die Ablesung erfolgt dann an einer vom Lichtstrahl getroffenen Skala. Die Elektrode C ist im

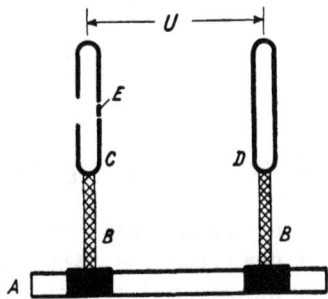

Bild 28. Schutzringspannungsmesser von Starke und Schröder. A = festes Gestell, B = Isolatoren, C und D = feste Elektrodenplatten, E = kleine bewegliche Elektrode.

allgemeinen fest angebaut, während sich D auf einem Schlitten gegen C verschieben läßt, so daß das Gerät für mehrere Spannungsbereiche brauchbar wird. Geräte dieser Art gestatten bis 600 kV zu messen.

c) Plattenvoltmeter für 1200 bis 15000 V von H. u. B. (Bild 29): Das Meßwerk besteht aus zwei festen Metallschutzplatten, zwischen

denen eine leichte dritte Platte pendelartig an dem oberen Stift aufgehängt ist. Die zu messende Spannung wird einerseits an die bewegliche
Platte und an eine feste Schutzplatte gelegt, andererseits an die zweite
feste Platte. Beim Einschalten der Spannung wird die bewegliche
Platte von der gleichnamig beladenen Schutzplatte abgestoßen und
bewegt sich auf die ungleichnamig geladene zu, die gleichzeitig anziehend
wirkt. Als Richtkraft des Meßwerkes dient die Schwerkraft. Die Bewegung wird mit einem kleinen Streifen über einen gespannten Draht

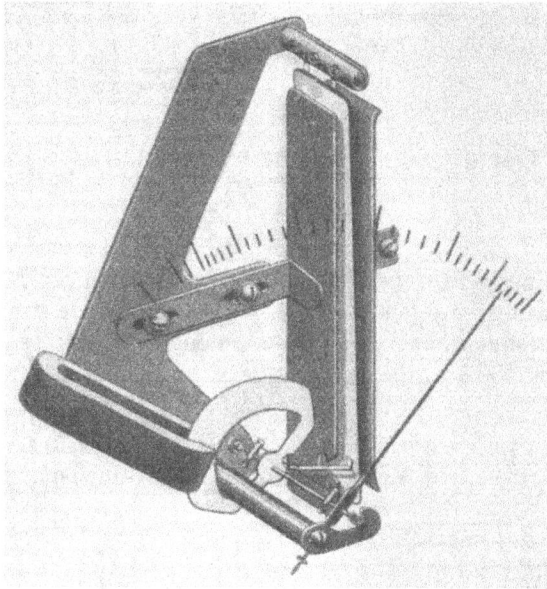

Bild 29. Plattenvoltmeter für 1200 bis 15000 V von *H & B.*

auf das mit einer magnetischen Dämpfung versehene Zeigerwerk übertragen.

d) **Kugelvoltmeter** nach Hueter: Lange Zeit war die Messung
mit der genormten Kugelfunkenstrecke die einzige Möglichkeit, Hoch-
spannungen mit einiger Genauigkeit zu bestimmen, und sie hat sich
in der Praxis allgemein durchgesetzt. Sie hat aber nicht zu unterschät-
zende Nachteile. Die Spannung bricht bei jeder Messung zusammen
und kann damit Spannungsstöße und Aufladungen auf freien Leitungen
oder metallischen Gegenständen influenzieren. Die Meßergebnisse sind
einer Korrektur zu unterziehen, die sich aus den atmosphärischen Verhältnissen ergibt. Schließlich können mit der Funkenstrecke nur
Scheitelspannungen gemessen werden.

Aus diesen Schwierigkeiten hilft uns das Kugelvoltmeter von Hueter
(Bild 30) heraus. Von den beiden Kugeln ist die untere festmontiert,

die obere isoliert an einer Schraubenfeder befestigt. Über einen kleinen Hebel ist ein drehbares Spiegelchen S mit der Kugel verbunden, so daß bei Anlegen der Spannung und Eintreten der Bewegung infolge der Anziehung der Kugeln ein auf den Spiegel fallender Lichtstrahl eine Anzeige für die Spannung liefert.

Die Abmessungen eines solchen Gerätes werden bereits recht beträchtlich. Für 1000 kV$_{eff}$ betragen sie: Kugeldurchmesser 125 cm; Kugelgewicht 150 kg; größte Kraft K etwa 900 p; Auslenkung der Feder f etwa 1 mm.

e) Multizellularvoltmeter: Dieses Gerät beruht auf der Änderung der wirksamen Flächengröße (Bild 31). Bei dem Meßwerk ist eine

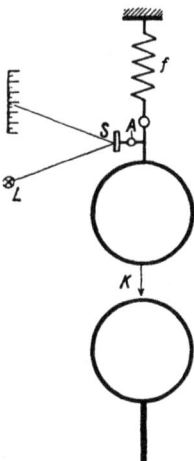

Bild 30. Kugelvoltmeter
nach Hueter.
L = Lampe,   S = Spiegel,
A = feste Achse,   f = Feder.

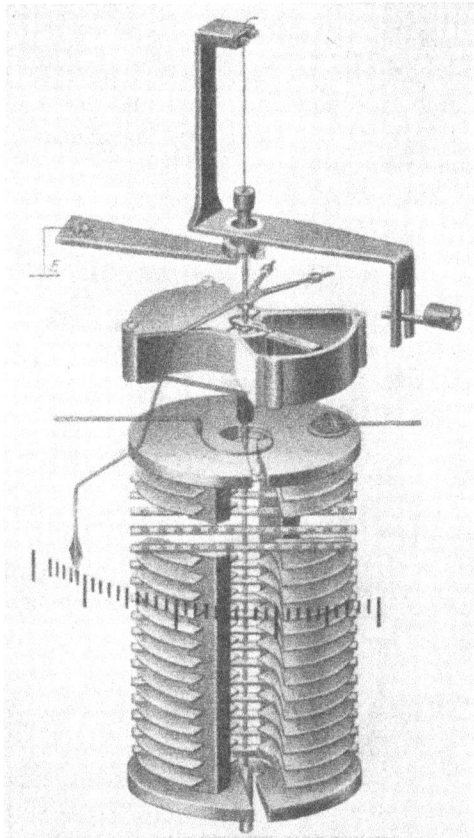

Bild 31. Multizellularvoltmeter von H & B.

Anzahl Metallklammern zellenartig angeordnet, zwischen denen je eine leichte Metallnadel spielt, die aber unter sich starr verbunden und an einem Band gemeinsam aufgehängt sind. Legt man die zu messende Spannung einerseits an die Nadeln und andererseits an die Kammern, so erfolgt eine Drehung des Nadelsystems, bis dem elektrostatisch erzeugten Drehmoment durch die Torsionskraft des Fadens das Gleichgewicht gehalten wird. Das Meßwerk ist gegen Fremdfeldeinflüsse metal-

lisch gekapselt. Eine Luftdämpfung bewirkt pendelungsfreie Zeiger-
einstellung. Durch besondere Formgebung der Metallplatten wird eine
fast lineare Skalenteilung erreicht. Ein solches Gerät zeigt auch noch
bei mäßig hohen Frequenzen richtig an.

Alle diese elektrostatischen Spannungsmesser haben die erfreuliche
Eigenschaft, nur geringen Eigenverbrauch aufzuweisen. Bei Gleichstrom wird dem spannungführenden Meßobjekt nur einmal die Energie
zum Aufladen der Kapazität des Gerätes entzogen. Bei Wechselstrom
ist allerdings ein geringer ständiger Verbrauch durch das Fließen des
Verschiebungsstromes vorhanden. Bei hohen Spannungen tritt dieser
Eigenverbrauch des Gerätes vollkommen hinter den Verlusten zurück,
die durch Sprühen und Ableitung auf den Zuleitungen zum Gerät entstehen. Dieser Umstand wird bei Höchstspannungen so vorherrschend,
daß man sich nach anderen Methoden der Spannungsmessungen umsehen
muß. Mit dem Umweg über eine Feldstärkenbestimmung kann man
diese finden.

13. Rotationsvoltmeter.

Das Meßverfahren, das primär die Feldstärke mißt, wurde zuerst
von H. Schwenkhagen [1] angegeben und von ihm zur Messung der
Feldstärkenzunahme beim Blitzschlag verwendet. Die Anordnung besteht aus einem axial zweimal geschlitzten Metallzylinder, der einen
zweipoligen, in dem zu untersuchenden
Feld drehbar gelagerten Anker darstellt (Bild 32). Der Strom wird über
einem Kollektor oder über Schleifringe
abgenommen. Für den mittleren abgegebenen Strom gilt:

$$I = 2 \cdot Q \cdot n \quad \ldots \ldots (45)$$

wobei Q die Ladung einer Belegung
und n die Drehzahl je Sekunde be-

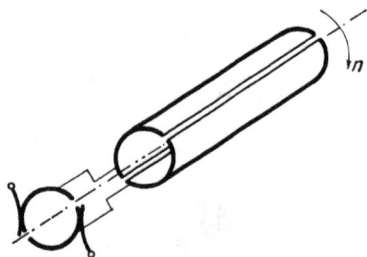

Bild 32. Rotierender zweipoliger Anker
mit Kollektor.

deutet. Wie man aus Gleichung (45)
sieht, sind keinerlei Gegen- oder Er-
regerelektroden nötig. Drücken wir Q durch die an der Zylinderober-
fläche herrschende Feldstärke E aus und ist F die Oberfläche einer
Schale, so wird:

$$I = 2 \cdot \varepsilon_0 \cdot E \cdot F \cdot n \ldots \ldots \ldots \ldots (46)$$

Wir können also ohne jede Eichung die an der Zylinderfläche herrschende Feldstärke messen. Diese ist der Stärke des ungestörten Feldes
proportional, sofern das verwendete Gerät klein gegen die Ausdehnung
des aufzunehmenden Feldes ist. Wird der Anker mit halber synchroner
Drehzahl einer aufzunehmenden, wechselnden Feldstärke betrieben, so
kann durch Phaseneinstellung deren Kurvenform ermittelt werden.

Ebenso sind wir in der Lage, zeitlich veränderliche Feldstärken aufzunehmen und sie oszillographisch aufschreiben zu lassen, sofern die Frequenz der Umdrehungen gegenüber der Frequenz des zu untersuchenden Feldes genügend groß ist. Zur Abnahme der Ladung bestehen, wie schon erwähnt, grundsätzlich zwei Möglichkeiten. Entweder wird sie über Schleifringe als Wechselstrom abgenommen, den man noch verstärken kann; oder es wird ein Kollektor mit zwei Segmenten benutzt, der einen pulsierenden Gleichstrom liefert, welcher dem Anzeigegerät direkt zugeführt wird. Da dieses wegen der geringen Stromstärke fast immer ein Drehspulgerät ist, muß berücksichtigt werden, daß es den arithmetischen Mittelwert des Stromes anzeigt.

Die Anordnung ist zur Spannungsmessung dahingehend abgeändert worden [2], daß zu beiden Seiten des Ankers »Erregerelektroden« angebracht sind, an die die zu messende Spannung U gelegt wird (Bild 33). Hierbei wird, wenn C die Kapazität zwischen einer Elektrode und dem Anker bedeutet,

$$I = 2 \cdot C \cdot U \cdot n \quad . \quad . \text{ (47)}$$

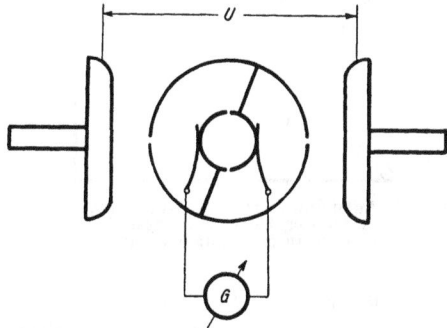

Bild 33. Anordnung eines Rotationsvoltmeters.

Wie aus der Gleichung (47) ersichtlich, ist bei konstanter Drehzahl ein lineares Ansteigen des vom Anker gelieferten Stromes mit der zu messenden Spannung zu erwarten. C ist im allgemeinen klein und deshalb nur umständlich zu messen. Die Anordnung muß daher in einem gewissen Bereich oder wenigstens für einen Punkt geeicht werden. Die Eichung gilt aber nur so lange, wie in dem Feld zwischen Anker und Erregerelektroden noch keine Raumladungen auftreten, da sonst I und U nicht mehr proportional sind.

Die Eichung auf Spannungsanzeige kann auf ein Gerät ausgedehnt werden, das nicht mit Erregerelektroden ausgestattet ist, sondern nur aus dem einfachen Anker besteht, der sich in dem Feld einer Hochspannungselektrode — z. B. eines elektrostatischen Generators —, deren Spannung bestimmt werden soll, dreht. Die Erregerelektroden bestehen dann einerseits in der Hochspannungselektrode selbst und andererseits in den Zimmerwänden, wo sich die Influenzladung befindet. Das Verfahren bringt es deshalb mit sich, daß das Gerät auch an der Hochspannungselektrode selbst angebracht werden kann (Bild 34, Stelle A). Sind dann Raumladungen vorhanden, so täuschen sie eine zu hohe Spannung vor, wenn das Gerät an einer Zimmerwand (Bild 34, Stelle B), oder sonst irgendwie entfernt vom Meßobjekt, aufgestellt ist, dagegen eine zu niedrige Spannung, wenn das Gerät auf der Hochspannungselektrode selbst (Stelle A) angebracht ist. Man würde mit zwei Geräten zwei Anzeigen erhalten, über die man zu mitteln hätte. Die Fehler, die durch Raumladungseinflüsse entstehen, sind jedoch bei geschickter Anordnung — Vermeidung starker Krümmungen, sprühsicherer Anbau der Geräte usw. — gering. Von größerer Bedeutung kann der Fehler durch Aufladung großer Isolatorflächen, z. B. der Trägersäule eines Generators, sein.

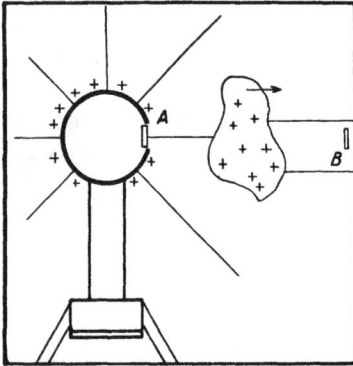

Bild 34. Aufstellungsort eines Rotationsvoltmeters. A an der Hochspannungselektrode selbst, B an der Zimmerwand.

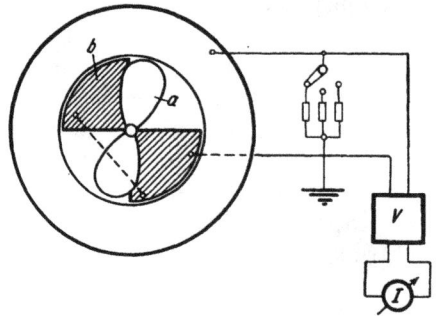

Bild 35. Rotationsvoltmeter mit flachen Elektroden und Verstärker für den gelieferten Wechselstrom.

Die weitere Abwandlung eines derartigen Gerätes ist in Bild 35 zu sehen. Hier besteht das Drehsystem aus einer Segmentscheibe a, die vor den beiden festliegenden, isolierten Quadranten b vorbeigleitet. V ist ein Verstärker; der Umschalter mit den Widerständen dient zur Veränderung des Meßbereiches. Um einen sinusförmigen Strom zu erhalten, muß die Fläche der Segmentscheibe, die die feststehenden Quadranten überstreicht, proportional dem Sinus des Drehwinkels φ werden. Diese Bedingung ist erfüllt, wenn der Rotor die Form einer Lemniskate von der Gleichung $r = a \cdot \sqrt{\cos 2\varphi}$ hat. Der Scheitelwert des Wechselstromes wird hierbei

$$J = 2\pi \cdot C \cdot U \cdot n \ . \qquad \ldots \ldots \ldots \quad (48)$$

14. Schwingvoltmeter

Die physikalische Arbeitsweise, die dem Gerät zugrunde liegt, ist in den periodischen Kapazitätswechseln zu suchen, die bei der Drehung hervorgerufen werden [3]. Bild 36 zeigt z. B. zwei Elektroden in dem durch das Meßobjekt erzeugten Feld. Die obere wird periodisch über die untere hin und her geschoben, so daß sie die untere beim Hingang ganz vom Feld abschirmt und beim Zurückgehen wieder freigibt, und alle Feldlinien auch auf der unteren Platte enden können. Im abgeschirmten

Zustand ist die Kapazität der unteren Platte gegen das Meßobjekt Null; im anderen Fall, wenn sie freiliegt, hat sie ihren größten Kapazitätswert gegen das Meßobjekt.' Die Ladung wird also über dem Widerstand R zwischen den beiden Platten hin- und hergeschaukelt; das statische Voltmeter zeigt den Spannungsabfall an dem Widerstand (einige $M\Omega$) an.

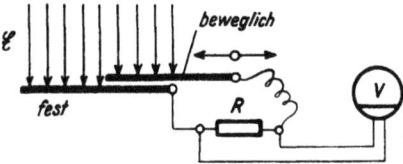

Bild 36. Arbeitsweise des Schwingvoltmeters (periodische Kapazitätswechsel).

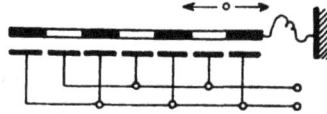

Bild 37. Schwingvoltmeter, bei welchem die Kapazitätswechsel durch Abdecken der Einzelelektroden hervorgerufen werden.

Ein Gerät, das diese Tatsache unmittelbar ausnutzt, ist von Gohlke angegeben (Bild 37). Hier werden zwei übereinander angeordnete Elektrodenroste durch einen elektromagnetischen Schwinger angetrieben, und der eine gegen den anderen periodisch hin- und herbewegt, so daß der obige Effekt eintritt.

Ein Gerät, welches ebenfalls in der Lage ist, Feldstärken zu messen und nach Eichung das Potential einer Hochspannungselektrode bestimmen läßt, ist von Gohlke und Neubert angegeben. Hier wird, wie Bild 38 zeigt, das Überwechseln der Feldlinien von der einen auf die andere Platte dadurch erzielt, daß die eine Elektrode dem Meßobjekt zu- oder von ihm wegbewegt wird. Zum periodischen Bewegen ist hier ebenfalls von einem Gohlkeschen elektromagnetischen Schwingerantrieb Gebrauch gemacht worden. Die hin- und herschaukelnden Ladungen können, wie oben, durch ein geeignetes Meßinstrument angezeigt werden.

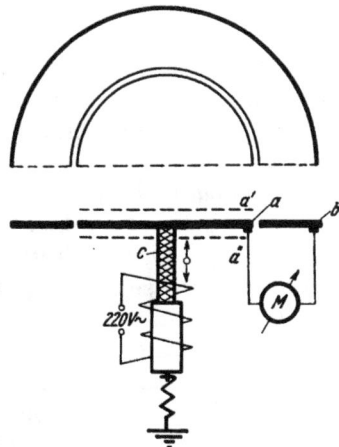

Bild 38. Schwingvoltmeter, bei welchem die Kapazitätsänderung durch Abstandsänderungen hervorgerufen wird.

Benutzt man eine von E. Schmidt vorgeschlagene Elektrodenform, bei der die bewegliche Elektrode aufgeteilt und so ausgebildet ist, daß sie durch entsprechende, zahlreiche Öffnungen der feststehenden Elektrode durchgreifen kann, so wird bei genügend großer Amplitude die dem Meßobjekt nähere jeweils die andere von dem Feld vollkommen abschirmen, und alle Feldlinien werden von der einen Elektrode auf die andere überwechseln.

Bezeichnen wir die Kapazität zwischen einer Elektrode und dem Meßobjekt mit C und die Spannung zwischen ihnen mit U, so können wir von der Überlegung (homogenes Feld vorausgesetzt) ausgehen, daß die Ladung $C \cdot U$ in der Zeit $T/2$ von der beweglichen Elektrode auf die feststehende, gegebenenfalls geerdete Elektrode, hinüberwandert. Der arithmetische Mittelwert des Stromes in einer Richtung ergibt sich demnach zu

$$I_m = \frac{C \cdot U}{T/2} = 2 \cdot C \cdot U \cdot f \qquad \qquad . \; . \; (49)$$

wobei f die Frequenz (s^{-1}) darstellt. Dies ist derselbe Wert, den wir schon gefunden haben (Gleichung 45). Der Vorzug gegen die Ausführung als Rotationsvoltmeter besteht darin, daß die Frequenz der Schwingung leichter in die Höhe getrieben werden kann, als es durch Drehzahlsteigerung geschehen kann.

Der Vorteil, den Rotationsvoltmeter und Schwingvoltmeter vor allen anderen Spannungsmeßmethoden bieten, liegt in der Möglichkeit einer Fernanzeige und in dem Fehlen einer leitenden Verbindung mit dem Meßobjekt. Außerdem entziehen sie dem letzteren keine Energie für die Anzeige, denn diese wird durch den Antrieb des Dreh- oder Schwingsystems gedeckt. Das Schwingvoltmeter läßt sich außerdem noch als besonders kleine Dose, die irgendwo an der Wand des Laboratoriums aufgehängt sein kann, ausführen.

15. Weitere Spannungsmeßmethoden.

a) Aus dem bisher Gesagten geht hervor, daß die Zahl der trägheitslosen, genauen Spannungsmeßmethoden bei den sehr hohen Spannungen der Bandgeneratoren gering ist. Man hat deshalb auch die alte Methode, mit Hilfe eines Ableitungswiderstandes eine Strommessung vorzunehmen und daraus die Spannung zu errechnen, wieder aufgenommen. Hierbei sind an den Ableitungswiderstand gewisse Anforderungen zu stellen: 1. Der Widerstand muß zeitlich konstant sein; 2. er muß sprühverlustfrei sein; 3. es muß für das ganze benutzte Gebiet das Ohmsche Gesetz erfüllt sein, d. h. die Leitfähigkeit darf bei steigender Feldstärke nicht zunehmen.

Man benutzt im allgemeinen für derartige Widerstände Siemens-Karbowid-Widerstände von einigen $M\Omega$, die tunlichst unter Vermeidung starker Krümmungen — z. B. durch Verbindungsdrähte — hintereinander geschaltet und zu einer Spirale auf ein Isolierstoffgerüst gewickelt und in eine Pertinaxsäule, wenn nötig in Öl, untergebracht werden. Der Widerstand muß mit niederer Spannung stufenweise geeicht werden. Um das Sprühen zu vermeiden, wird man zweckmäßig die Ganghöhe der Widerstandsspirale so verändern, daß sie in der Nähe der Hochspannungselektrode klein ist und weiter weg von ihr größer. Der Potential-

verlauf wird dann etwa so, wie er in Bild 39 dargestellt ist. Kurve 1
zeigt den normalen Potentialabfall einer im Raum schwebenden Kugel,
der mit $1/r$ geht; Kurve 2 den Poten-
tialabfall längs eines Ohmschen Widerstandes, Kurve 3 den Abfall längs eines
— stufenweise mit nach außen größer
werdender Ganghöhe — spiralförmig
aufgewickelten Widerstandes. Hierdurch erfolgt eine Angleichung an den
normalen Potentialabfall im Raum.
Auf diese Weise gelingt es, ein Sprühen
weitgehendst zu unterdrücken und das
Einbringen in Öl überflüssig zu machen.

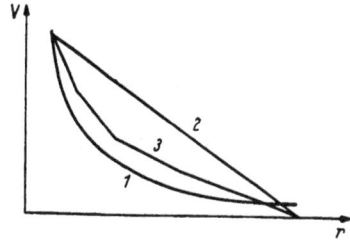

Bild 39. Potentialverlauf. — Kurve 1.
Bei dem Fall einer freischwebenden Kugel,
Gang mit $1/r$. — Kurve 2. Längs eines
ohmschen Widerstandes. — Kurve 3.
Längs eines dem normalen Abfall durch
stufenweises Verändern der Ganghöhe
angeglichenem »Spiralwiderstandes«.

    b) Eine weitere, und zwar sehr
genaue Bestimmung der Spannung ist
möglich beim Arbeiten mit einem Entladungsrohr, unter Benutzung
der Beugungserscheinung bei der Durchstrahlung dünner Folien mit
Elektronenstrahlung. Die Methode ist umständlich und zeitraubend;
außerdem erlaubt sie keine laufende Spannungskontrolle, da jede Aufnahme der Beugungsringe entwickelt und ausgewertet werden muß.
Dies stellt aber bei Spannungen über einige Millionen Volt die einzige
exakte Spannungsmessung dar. Hierzu sind drei Gleichungen nötig,

    1. die Gleichung der Materiewellenlänge (de Broglie), die die Ver-
knüpfung zwischen Masse und Wellenbewegung eines bewegten Elektrons
liefert:

$$\lambda = \frac{h}{m \cdot v} \qquad \ldots \ldots \ldots \ldots (50)$$

worin λ die Materiewellenlänge, $h = 0{,}6545 \cdot 10^{-33}$ Ws² das Plancksche
Wirkungsquantum, m und v Masse und lineare Geschwindigkeit des
Elektrons bedeuten. Hierin kann man die Voltgeschwindigkeit des
Elektrons einführen durch

    2. die Gleichung

$$e \cdot U = \frac{m v^2}{2} \qquad \ldots \ldots \ldots \ldots (51)$$

wobei U die Spannung ist, die das Elektron mit der Ladung e durch-
fällt. Aus beiden Gleichungen finden wir die zu messende Spannung

$$U = \frac{h^2}{2 \cdot e \cdot m \, \lambda^2}$$

worin alle Faktoren bis auf λ bekannte Konstante sind. λ errechnen wir
aus den ausgemessenen Beugungsaufnahmen mit Hilfe der

    3. Gleichung $\qquad n \cdot \lambda = d \cdot \sin \varphi/2 \qquad \ldots \ldots \ldots \ldots (52)$

wobei n die Ordnung (1, 2, 3 ...) bedeutet (Bild 40), d den Gitter-
abstand und $\varphi/2$ den halben Öffnungswinkel des Beugungskegels. Nachdem λ gefunden ist, läßt sich die Spannung angeben.

c) Schließlich läßt sich die Spannung ermitteln durch magnetische Ablenkung der beschleunigten Teilchen eines Entladungsrohres für Ionen- oder Atomstrahlen. Hierbei können wir sowohl eine absolute wie eine vergleichsmäßige Bestimmung der Spannung benutzen.

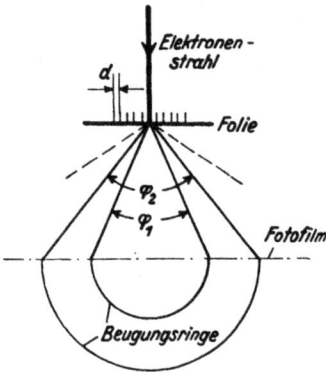

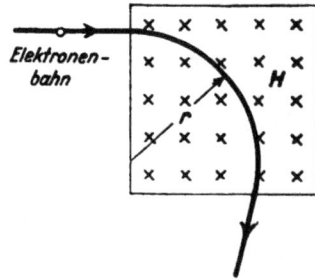

Bild 40. Beugungskegel bei Durchstrahlung von Folien mit Elektronenstrahlen. (Gl.(52)).

Bild 41. Elektronenbahn wird im Magnetfeld H zur Kreisbahn gebogen. (Gl.(53)).

Die absolute Methode beruht auf Folgendem: Ein Magnetfeld ist so angeordnet, daß seine Feldlinien von der Stärke H senkrecht zur Teilchenflugrichtung stehen (senkrecht zur Papierebene) (Bild 41). Ihre Flugrichtung wird zur Kreisbahn gebogen, wobei sich die Zentrifugalkraft $\dfrac{m v^2}{r}$ und die Biot-Savart-Kraft $H \cdot e \cdot v$ das Gleichgewicht halten. Hier bedeutet wie eingangs m die Masse, e die Ladung der Teilchen und v ihre lineare Geschwindigkeit. r ist der Krümmungsradius der Bahn. Durch Einführung der Voltgeschwindigkeit $e \cdot U = \dfrac{m v^2}{2}$ der Teilchen ergibt sich die zu messende Spannung zu

$$U = \frac{1}{2} \cdot \frac{e}{m} \cdot H^2 r^2 \ . \ . \ . \ . \ . \ . \ . \ . \ . \ (53)$$

Die vergleichsmäßige Kontrolle der Spannung bei magnetischer Ablenkung der Teilchen besteht im folgenden: Bei einer bestimmten Spannung werden die Teilchen eines Gases mit der Ladung e und der Masse 1 m einen bestimmten Auftreffpunkt haben, dessen Lage bei konstantem magnetischen Feld nur von der Spannung abhängig ist. Nach Markierung des Auftreffpunktes wird ein neues Gas in das Entladungsrohr gefüllt, dessen Teilchen die Ladung e, aber die Masse 2 m haben. Bei der Entladung wird nun die Spannung soweit gesteigert, bis der Auftreffpunkt der Teilchen mit dem ersteren, markierten zusammenfällt. Dann kann aus Gleichung (53) gefolgert werden, daß beim zweiten Versuch die Spannung doppelt so hoch ist, wie beim ersten. Als Füllgase für das Entladungsrohr eignen sich z. B. Wasserstoff (Protonen, p) und schwerer Wasserstoff (Deuteronen, d).

III. Ältere elektrostatische Scheibenmaschinen.

16. Historischer Überblick.

Als Erfinder der Elektrisiermaschine ist der Magdeburger Bürgermeister Otto von Guericke anzusehen. Bei Versuchen über elektrische Abstoßung, die er entdeckt hatte, bediente er sich dabei statt kleiner geriebener Harzstücke einer großen, gegossenen Schwefelkugel, die um eine Achse drehbar war, womit der Anfang zum Bau der späteren Reib-Elektrisiermaschinen gegeben war. Diese entwickelten sich in der Folgezeit zu den großen Glasplattenmaschinen mit bis zu 2 m betragenden Durchmessern des 18. Jahrhunderts, die von zwei Männern in Drehung versetzt werden mußten. Eine solche Maschine vom Typ van Marums (1789) steht im Taylorschen Museum zu Leiden. Die damit erzeugten Funken hatten Längen bis zu 2 m, bei etwa 30 cm Kugelradius. Vom hochspannungstechnischen Gesichtspunkt aus betrachtet, waren die Maschinen günstiger konstruiert als die später entstandenen. Alle Erkenntnis, z. B. die, daß alle Ecken und Kanten gut abgerundet sein mußten, hatte man im 19. Jahrhundert vergessen; sie tauchte erst in jüngster Zeit wieder auf. Maschinen dieses Glasplattentyps finden sich heute nur noch in Sammlungen älterer physikalischer Institute.

Um dieselbe Zeit tauchte der Gedanke an eine Band-Reib-Elektrisiermaschine auf, die heute in allerdings abgeänderter Form ihre Auferstehung gefeiert hat. Walkiers hatte in Brüssel 1784 eine solche gebaut (Bild 42), bei der die unter einem Reibkissen erzeugte Ladung auf einem endlosen, isolierenden Band an einen Konduktor herangeführt wurde.

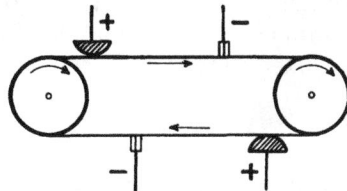

Bild 42. Band-Reib-Elektrisiermaschine von Walkiers.

Die Reib-Elektrisiermaschine wurde durch die von Toepler 1865 und kurz darauf von Holtz bekanntgegebenen Konstruktionen der Influenzmaschine verdrängt, da letztere handlicher und stromergiebiger, wenn auch gegen Feuchtigkeitseinflüsse der umgebenden Luft wesentlich empfindlicher war. ·Weitere Verbesserungen in konstruktiver Hinsicht wurden von Wimshurst (1884) und Wommelsdorf (1902) angegeben. Diese Maschinen waren lange Zeit die einzigen Hochspannungsquellen, die der Forschung zur Verfügung standen. Sind doch z. B. die klassischen Kanalstrahlarbeiten und Röntgenstrahluntersuchungen mit ihrer Zuhilfenahme entstanden. Selbst heute sind sie für manche ähnlichen Untersuchungen unentbehrlich. Eine Maschine dieser Gattung vom Typ Holtz-Wimshurst liefert z. B. bei 7 Scheiben mit 550 mm Durchmesser 750 W bei 4 mA und 180 kV.

Weitere Versuche, auf elektrostatischem Wege Elektrizität zu erzeugen, wurden von Lord Kelvin (1890) mit seiner Wasserinfluenzmaschine unternommen. Später versuchte er, durch auf ein endloses Band aufgeklebte Metallsegmente, Elektrizität zu einer Sammelelektrode zu bringen. Diese und alle nachfolgenden Anstrengungen blieben jedoch Versuche, ohne daß es gelungen wäre, brauchbare Maschinen, auf diesen Prinzipien beruhend, zu konstruieren. Nachdem aber die Entwicklung der Kernphysik gebieterisch nach Spannungsquellen mit Spannungen von der Größenordnung 10^6 Volt verlangte, griff Van De Graaff den alten Gedanken von Lord Kelvin wieder auf und veröffentlichte 1931/33 seine ersten Bandgeneratoren-Konstruktionen. Nach Bekanntwerden dieser Nachrichten setzte in vielen physikalischen und physikalisch-technischen Instituten der Bau solcher Maschinen ein. In Deutschland bemühte sich W. Kossel mit seiner Schule nicht nur darum, eine solche Anlage für Versuche zu erstellen, sondern klärte Spannungsgrenzen und Stromergiebigkeit, baute den Selbsterregungsvorgang aus und konnte somit wertvolle Beiträge zur Fortentwicklung auf den heutigen Stand liefern.

In jüngster Zeit sind von zwei Russen, A. F. Josse und B. M. Hochberg, neue Konstruktionen von elektrostatischen Maschinen angegeben, die auf periodischen Kapazitätsänderungen beruhen und als Rotor-Scheibenmaschinen ausgebildet sind. Mit ihrer Hilfe wird, wenn die Angaben der Verfasser stimmen, eine neue Entwicklung der Gleichspannungs-Hochspannungstechnik einsetzen, denn sie sollen über eine Volumenleistung von einigen hundert kW/m^3 verfügen.

17. Systematik der Maschinen.

Wir haben im folgenden die Scheiben- und Bandmaschinen zu untersuchen. Es wird sich zeigen, daß beide im Grunde so wesensverschieden in ihren Möglichkeiten sind, daß sie daher getrennt behandelt werden müssen. Aber noch eine weitere Unterscheidung müssen wir, einem Gedanken W. Kossels folgend, einführen. Sie besteht in der Einteilung in Haupt- und Nebenfeldmaschinen.

Bei den auf elektromagnetischer Grundlage beruhenden Gleichstrommaschinen ist eine ähnliche Einteilung bekannt. Die Hauptschlußmaschine ist dadurch gekennzeichnet, daß der einzige in ihr auftretende Strom durch Anker- und Feldwicklung fließt (Bild 43), also gleicherweise das Anker- und das Erregerfeld hervorruft; wie ersichtlich, ist hier nur Selbsterregung möglich. Die Nebenschlußmaschine unterscheidet sich von der Vorhererwähnten dadurch, daß bei ihr zur Erzeugung des Erregerfeldes, welches das Nebenfeld darstellt, irgendein Strom herangezogen werden kann (Bild 44) (natürlich auch z. B. ein Teil des Ankerstromes, wenn C mit A und D mit B verbunden ist). Das Erregerfeld kann also unabhängig vom Ankerfeld — dem Hauptfeld — bestehen. Es ist eine reine Sonderfeldmaschine. Beide Felder, das Anker- und das Erregerfeld, können unabhängig voneinander verändert werden.

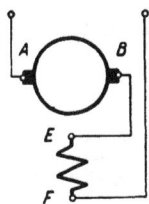

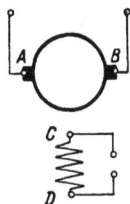

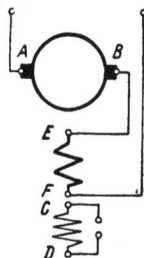

Bild 43. Elektromagnetische Hauptschlußmaschine.   Bild 44. Elektromagnetische Nebenschlußmaschine.   Bild 45. Elektromagnetische Verbundmaschine.

Einen dritten Typ stellt als Vereinigung beider Schaltungen die Verbundmaschine dar (Bild 45). Bei ihr setzt sich das Erreger- oder Nebenfeld aus zwei Bestandteilen zusammen. Der eine Anteil, durch den Hauptschluß bedingt, ändert sich im gleichen Maße wie das Ankerfeld. Der andere (Nebenfeld) ist durch den frei verfügbaren Nebenschluß beliebig veränderlich. Die Kennlinien dieser Maschine sind naturgemäß Resultierende aus den entsprechenden Kennlinien der beiden anderen Typen.

Bei den elektrostatischen Maschinen wollen wir — nach W. Kossel [4] — eine analoge Einteilung treffen. Das Grundarbeitsprinzip stellt bei ihnen den Vorgang dar, auf die aufzuladenden Sammelelektroden oder »Konduktoren« elektrische Ladungen aufzubringen. Das Feld der Konduktoren, die wir meist als Hochspannungselektroden bezeichnen, nennen wir das Hauptfeld der Maschine. Als Nebenfeld bezeichnen wir dasjenige, welches von dem beweglichen Träger (Band, Scheibe) und den noch zusätzlich benötigten Elektroden (Erregerelektroden) ausgeht und die Ladung — unter Verrichtung von Arbeit — gegen die abstoßenden Konduktoren befördert (Bild 46a). Die Größe der aufzubringenden Arbeit ist damit aus dem Grundvorgang festgelegt.

Die Einteilung in Haupt- und Nebenfeldmaschinen geschieht nun analog den beiden elektromagnetischen Maschinen. Wir müssen uns nämlich fragen: In welchem Fall kann das Nebenfeld unabhängig vom Hauptfeld bestehen? Und wir werden sehen, daß die beiden Maschinentypen sich dadurch unterscheiden, wie der bewegliche Ladungsträger seine Ladungen erhält.

Bei den ersten Influenzmaschinen von Toepler und Holtz erhält der Ladungsträger seine Ladungen durch das Hauptfeld selbst. Durch den das Hauptfeld überquerenden Ausgleicher wird (Bild 46b) von dem einen Konduktor Elektrizität seines Vorzeichens in die Nähe des anderen Konduktors gebracht, so daß der bewegliche Träger durch Influenz an dieser Stelle Ladung des entgegengesetzten Vorzeichens erhält, die er auf der

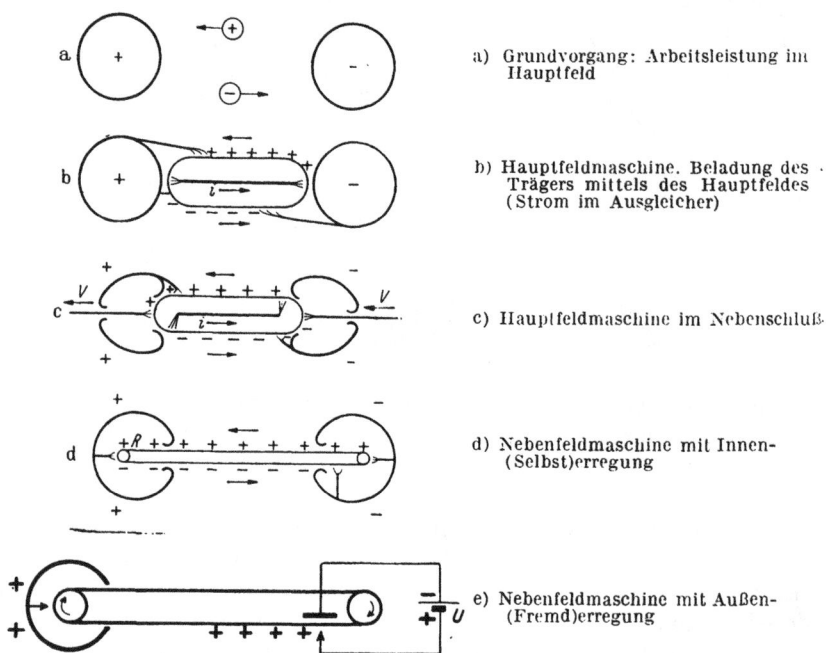

a) Grundvorgang: Arbeitsleistung im Hauptfeld

b) Hauptfeldmaschine. Beladung des Trägers mittels des Hauptfeldes (Strom im Ausgleicher)

c) Hauptfeldmaschine im Nebenschluß

d) Nebenfeldmaschine mit Innen-(Selbst)erregung

e) Nebenfeldmaschine mit Außen-(Fremd)erregung

Bild 46 a—e. Einteilung der Maschinen in Haupt- und Nebenfeldmaschinen.

anderen Seite zur Erhöhung der Ladung des Konduktors abliefert. Bei den einzelnen Maschinenkonstruktionen gibt es mannigfach verschiedene Ausführungsformen, ebenso gibt es Band- und Scheibenmaschinen, die nach diesem Prinzip arbeiten. Charakteristisch für die Anwendung des Hauptfeldes ist jedoch der Ausgleicher als Organ zur Beladung des Transportmediums.

Man hat gelernt, daß der Gebrauch dieses Aufladeprinzipes Rückwirkungen des Verbraucherkreises auf die Erregung ergibt. Liegt nämlich nur geringer Widerstand in der Verbraucherleitung oder arbeitet die Maschine gar im Kurzschluß, so ist überhaupt kein Hauptfeld vorhanden. Dieses würde zur Folge haben, daß auch kein Erregungsvorgang anlaufen kann, da dieser ja erst vom Hauptfeld eingeleitet wird.

Um diesem Nachteil zu begegnen, ist bei den ausgeführten Konstruktionen die Verbraucherleitung nicht direkt an die Konduktoren angeschlossen, sondern liegt in einem durch Luftsprühstrecken erzeugten Nebenschluß zu ihnen (Bild 46 c). Die Sprühstrecke kann mit dem Ausgleicher selbst oder mit den Abnehmern konstruktionsmäßig verknüpft werden (Wimshurst-Typ). Letztere Maschinengattung ist hinsichtlich ihrer kombinierten Eigenschaften mit der elektromagnetischen Verbundmaschine vergleichbar. Aus dem Gesagten geht hervor, daß die Hauptfeldmaschinen, einschließlich derjenigen mit Nebenschluß, nur mit Selbsterregung arbeiten können.

Die zweite große Gruppe bilden die Sonderfeld- oder Nebenfeldmaschinen. Bei ihnen sind zu unterscheiden die fremderregten und die selbsterregten. Die fremderregten arbeiten einfach nach dem in Bild 46 e aufgezeichneten Schema. Aus einer fremden Spannungsquelle U wird auf den bewegten Ladungsträger durch Influenzwirkung Ladung aufgebracht und einem Konduktor zugeführt. Das Vorhandensein eines zweiten ist nicht unbedingt nötig (aber möglich; den Gegenpol stellt dann die Erde dar). Bei den selbsterregten muß der Erregungsvorgang in Räumen vor sich gehen, die dem Einfluß des Hauptfeldes entzogen sind. Als diese sind die als Faraday-Käfige wirkenden Innenräume der Hochspannungselektroden anzusehen (Bild 46 d). Hier befindet sich eine isolierende Rolle R (aus anderem Material als das Band bestehend), die durch reibelektrische Wirkung den Erregungsvorgang einleitet. Er genügt, um die nachfolgenden Influenzwirkungen, die von der Rolle und dem einlaufenden Bandstück auf das auslaufende ausgeübt werden, in Gang zu setzen. Damit ist der Erregungsvorgang unabhängig vom Wirken oder Vorhandensein des Hauptfeldes. Es hat damit keinen Einfluß auf die Beladung des Transportbandes. Somit wird auch die Stromstärke im Verbraucherkreis unabhängig vom Hauptfeld; man kann es sogar kurzschließen oder durch eine Sprühstrecke zur Erde niedrig halten.

Nach dem eben Geschilderten haben wir unsere Betrachtungen auf folgende Maschinen auszudehnen:

1. Scheiben- und Rotormaschinen:

    a) Hauptfeldmaschinen (Selbsterregung),

    b) Nebenfeldmaschinen (Fremderregung).

2. Bandgeneratoren:

    a) (Hauptfeldmaschinen (Selbsterregung),

    b) Nebenfeldmaschinen (Selbst- und Fremderregung).

18. Fremderregte (Nebenfeld-) Maschinen.

Alle Gattungen dieser Maschinen, die seit dem Jahre 1865 entwickelt worden sind, zu besprechen, wäre fehl am Platze, da ihnen heute keine Bedeutung mehr zukommt. Wir wollen das Grundprinzip kennenlernen, auf dem sie letzten Endes beruhen, die Betriebskurven angeben und einzelne Maschinen, die heute noch in Gebrauch sind, aufzeigen.

a) Pohlsches Modell [5]. In dem nebenstehenden Bild 47 stellen F_1 und F_2 die Pole des Nebenfeldes dar, die eine Feldspannung U_f gegeneinander besitzen. In diesem Gebiet unter den Feldplatten erhält der bewegliche Ladungsträger — die rotierende Scheibe — seine Ladungen. Obwohl hier der Typ einer Nebenfeldmaschine vorliegt, wird doch durch das Feld der Abnehmer, an die der ,Verbraucherkreis angeschlossen ist, eine gewisse Rückwirkung auf das Erregerfeld (Nebenfeld) ausgeübt, da sich beide zu einem resultierenden, dem Erzeugungsvorgang schädlichen Feld zusammen-

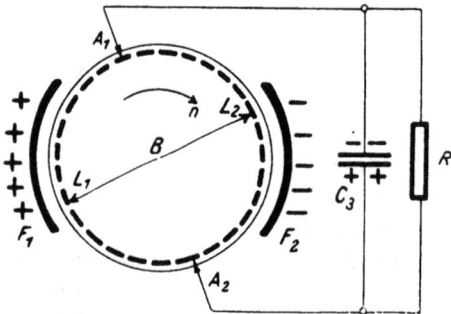

Bild 47. Fremderregter Generator mit Ausgleicher.

setzen. Auf der mit n Umläufen je Minute rotierenden Scheibe S befinden sich Lamellen, von denen L_1 und L_2 gerade den Ausgleicher B berühren, in Stellung unter F_1 und F_2, so daß sie die größte Kapazität gegen sie besitzen, die wir mit C_1 bezeichnen wollen. Durch Einwirkung des Erregerfeldes werden auf ihnen Ladungen influenziert. Die Influenzelektrizität zweiter Art kann sich über dem Ausgleicher ausgleichen. Nach Loslösung von ihm wird die frei zur Verfügung stehende Ladung:

$$Q = C_1 \cdot U_f \quad \ldots \ldots \ldots \ldots (54)$$

und zwar auf L_1 der negative und auf L_2 der positive Anteil. Nach weiterer Drehung der Scheibe um etwa 90^0 ist die Kapazität der Lamellen L_1, L_2 gegen das Feld F_1, F_2 praktisch Null geworden, ihre Spannung steigt auf einen Wert, der durch die Kapazität der beiden Lamellen gegeneinander, die mit C_2 bezeichnet ist, bestimmt wird. Sie ist praktisch nur insofern von Bedeutung, als sie die Durchbruchspannung nicht erreichen darf. Berühren die Lamellen jetzt die Abnehmerkämme A_1, A_2, so werden im Kurzschlußfall die Ladungen durch einen Stromstoß vollkommen ausgeglichen. Die der Reihe nach die Abnehmer streifenden Lamellen, von denen auf der Scheibe die Anzahl l vorhanden ist, geben somit einen pulsierenden Gleichstrom von der Größe

$$i_k = \frac{n}{60} \cdot l \cdot Q = \frac{n}{60} \cdot l \cdot C_1 \cdot U_f \qquad . \ (55)$$

Die bekannten Kennlinien $i_k = f(n)$ und $i_k = f(U_f)$ sind also die Geraden, die durch den Nullpunkt gehen.

Man kann die Betrachtung ausdehnen auf Maschinen, die mehr als ein Erregerfeld zur Verfügung haben; bezeichnet man die Zahl der Felder mit p, so kann in dieser und den folgenden Gleichungen dieser Umstand berücksichtigt werden. Die Anschaulichkeit leidet jedoch darunter; deshalb ist bei unseren Betrachtungen nur ein Feld angenommen und p immer 1.

Nun wird in der gebräuchlichen Form der Maschinen der Strom nie direkt entnommen; sondern zur Glättung von Strom und Verbraucherspannung ist ein Maschinenkondensator C_3 vorhanden, der immer parallel zu dem Verbraucherwiderstand R liegt. Der Kondensator C_3 gibt dauernd Strom an den Verbraucher R ab und soll in dem Augenblick die Spannung u_b haben, in welchem durch Berühren der Lamellen L_1, L_2 mit den Abnehmern A_1, A_2 diese mit C_3 verbunden werden. Es wird also die Kapazität C_2 zum Maschinenkondensator parallel geschaltet. Hierbei springt die Spannung an C_3 auf den Wert

$$u_a = \frac{C_1 \cdot U_f + C_3 \cdot u_b}{C_2 + C_3} \quad \dots \dots \dots \quad (56)$$

Die Kapazität C_3 entlädt sich weiter über den Verbraucher R nach der Gleichung

$$u = u_a \cdot e^{-\frac{t}{\tau}} \quad \dots \dots \dots \dots \quad (57)$$

wobei bekanntermaßen die Zeitkonstante $\tau = R \cdot (C_2 + C_3)$ ist, solange C_2 parallel geschaltet ist; dann folgt eine kurze Zeitspanne, wo $\tau = R \cdot C_3$ wird. (Praktisch ist C_2 immer wesentlich kleiner als C_3 ($C_2 \ll C_3$), so daß $\tau = R \cdot C_3$ genügend genau ist). Beim Berühren der Abnehmer mit dem nächsten Lamellenpaar erfolgt wieder ein Sprung der Spannung an C_3. Es bestimmt sich die Zeit $t = t_0$ zwischen zwei neuen Aufladungen des Maschinenkondensators zu $t_0 = 60/n \cdot l$. Der Exponent $\alpha = t_0/\tau$ von e wird somit

$$\alpha = \frac{t_0}{\tau} = \frac{60}{n \cdot l \cdot R\,(C_2 + C_3)} \quad \dots \dots \dots \quad (58)$$

und die tiefste Spannung am Maschinenkondensator wird

$$u_b = a_a \cdot e^{-\alpha} \quad \dots \dots \dots \quad (59)$$

Aus dieser Gleichung und den Gleichungen (56) und (58) lassen sich die Spannungsgrenzen u_a und u_b berechnen; es wird die obere Spannung

$$u_a = \frac{C_1 \cdot U_f}{C_2 + C_3\,(1 - e^{-\alpha})} \quad \dots \dots \dots \quad (60)$$

und die untere Spannung

$$u_b = \frac{C_1 \cdot U_f \cdot e^{-\alpha}}{C_2 + C_3\,(1 - e^{-\alpha})} \quad \dots \dots \dots \quad (61)$$

Die die Abnehmer verlassenden Lamellen behalten eine Restspannung, also auch eine Restladung. Bei Drehung der Scheiben bilden diese bewegten Ladungen einen Scheibenstrom i_s. An den Abnehmern tritt eine Stromverzweigung auf. Es wird ihnen der Kurzschlußstrom i_k zugeführt, der Betriebsstrom i_b gelangt über die Abnehmer in den Außenkreis; die sie verlassenden Lamellen führen den Scheibenstrom weiter (Bild 48b). Dieser wird, wie leicht einzusehen,

$$i_s = \frac{n \cdot l}{60} \cdot C_2 \cdot u_b \ldots \ldots \ldots \ldots \quad (62)$$

und der Betriebsstrom

$$i_b = \frac{n \cdot l}{60} [C_1 \cdot U_f - C_2 \cdot u_b] \ldots \ldots \ldots \quad (63)$$

Die drei Fälle: Lehrlauf, Betrieb und Kurzschluß, sind in Bild 48a bis c schematisch dargestellt. Der Strom im Ausgleicher wird $i_k + i_b$, wobei

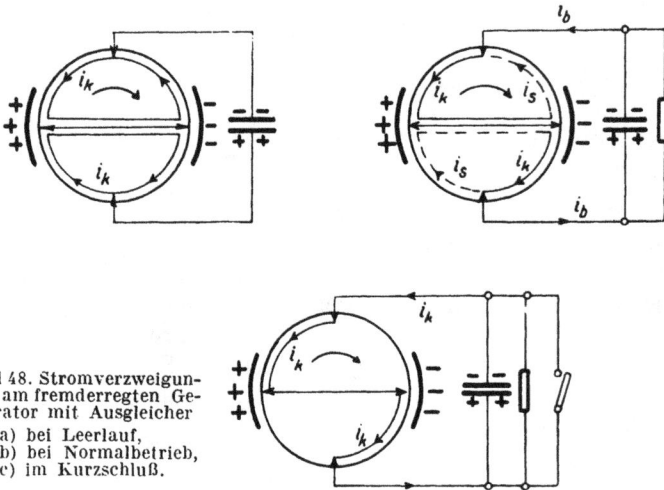

Bild 48. Stromverzweigungen am fremderregten Generator mit Ausgleicher
a) bei Leerlauf,
b) bei Normalbetrieb,
c) im Kurzschluß.

im Kurzschlußfall ($i_b = i_k$) der Strom im Ausgleicher $2i_k$ wird, hingegen im Leerlauf $i_b = 0$ er den Wert i_k annimmt.

Der Leerlaufzustand ist dadurch gekennzeichnet, daß der Belastungswiderstand $R = \infty$ wird; alle durch Influenz entstandenen Elektrizitätsmengen fließen nach beendigter Aufladung des Maschinenkondensators C_3 nutzlos über die Scheibe. Die maximale Spannung U_L, die dann an C_3 im Leerlauf auftritt, ist bestimmt durch das Verhältnis der Kapazität der Lamellen gegen die Feldkonduktoren C_1 zu der Kapazität C_2 der Lamellen gegeneinander, so daß

$$U_L = \frac{C_1}{C_2} U_f \ldots \ldots \ldots \ldots \quad (64)$$

wird. Im Kurzschluß fließt der gesamte Strom über den Belastungskreis. Die obere Kurzschlußspannung wird

$$U_K = \frac{C_1}{C_2 + C_3}\, U_f \qquad \dots \dots \dots \quad (65)$$

Fragen wir nach den Leistungsverhältnissen der Maschine, so müssen wir bedenken, daß 1. die größte entstehende Spannung die Leerlaufspannung U_L ist und 2. zwischen den Konduktorplatten F_1, F_2 des Erregerfeldes immer der Kurzschlußstrom i_k influenziert werden muß. Im Betriebsfall tritt ja immer an den Abnehmern eine Stromverzweigung in Betriebsstrom i_b und Scheibenstrom i_s ein, derart, daß

$$i_k = i_b + i_s \qquad \dots \dots \dots \dots \quad (66)$$

ist. Auf alle Fälle aber ist der zu generierende Strom i_k, so daß mechanisch die Leistung

$$N_1 = i_k \cdot U_L = \frac{n \cdot l}{60} \cdot \frac{C_1{}^2}{C_2} \cdot U_f{}^2 \qquad \dots \dots \dots \quad (67)$$

aufgebracht werden muß. Die im Belastungskreis verbrauchte Leistung wird:

$$N_2 = \frac{1}{t_0} \int_0^{t_0} U \cdot i \cdot dt = \frac{1}{t_0} \cdot \int_0^{t_0} \frac{U^2}{R}\, dt = \frac{n \cdot l}{120} \,(C_2 + C_3) \cdot \frac{C_1{}^2\, U_f{}^2\,(1 - e^{-2\alpha})}{[C_2 + C_3\,(1 - e^{-\alpha})]^2}$$

Wenn keine Sprüh- oder Isolationsverluste auftreten, wird der Wirkungsgrad

$$\eta = \frac{N_2}{N_1} = \frac{(1 - e^{-2\alpha})\, C_2\,(C_2 + C_3)}{2\,[C_2 + C_3\,(1 - e^{-\alpha})]^2} \qquad \dots \dots \quad (68)$$

Er ist im Leerlauf Null und im Kurzschluß nur klein. Die Werte sind abhängig von der Größe der Belastung und von der Größe der einzelnen Kapazitäten zueinander. Das Maximum des Wirkungsgrades erhalten wir durch Differenzieren der letzten Gleichung nach α, woraus sich ergibt $e^{-\alpha} = \dfrac{C_3}{C_2 + C_3}$ und damit, nach Einsetzen in die vorherige Gleichung:

$$\eta_{max} = \frac{C_2 + C_3}{2\,(C_2 + 2\,C_3)} \qquad \dots \dots \dots \quad (69)$$

Nach dieser Gleichung wird der größte Wirkungsgrad erreicht, wenn die Kapazität des Maschinenkondensators Null ist; er wird $\eta_{max} = 0{,}5$, ein Ergebnis, das wir auf S. 33 bei der Betrachtung der Überführung von mechanischer Energie in elektrische bei einer Kapazitätsänderung als optimale Bedingung gefunden haben. Mit zunehmender Größe von C_3 nimmt zwar die Welligkeit der Energieübergänge ab, aber dafür sinkt der Wirkungsgrad ständig bis auf den ungünstigsten Wert von 0,25, wenn $C_3 \gg C_2$ ist.

Grundsätzlich können wir die elektrostatischen Maschinen als Generatoren oder als Motore laufen lassen. Sie aber als Motore zu betreiben, liegt keinerlei Bedürfnis vor. Vielmehr ist ihr Zweck, uns hohe Gleichspannungen zu liefern. Hierbei ist zur Erreichung einer guten Konstanz der Spannung ein großer Maschinenkondensator geeignet, wie auch aus Gleichung (69) hervorgeht; wir müssen dann den schlechten mechanisch-elektrischen Wirkungsgrad in Kauf nehmen. Jedoch fällt dieser Teilwirkungsgrad gegen die anderen, noch schlechteren Teil-wirkungsgrade, die sich durch die Konstruktion und Isolations- und Sprühverluste ergeben, nicht schwer ins Gewicht.

b) Maschine von Wommelsdorf. Es ist nach einer von Wommelsdorf angegebenen Schaltung möglich, den Strom durch zweimalige Ausnutzung jeder Lamelle zu verdoppeln. Bedingung hierfür ist, daß die Abnehmer unter dem Erregerfeld stehen (Bild 49). Hierbei ist deutlich zu erkennen, daß kaum noch von einer Nebenfeldmaschine die Rede sein kann, denn hier ist das Feld der Konduktoren des Verbrauchers unmittelbar mit dem Nebenfeld verquickt. Das Hauptfeld liegt in einem durch eine Luftsprühstrecke vermittelten Nebenschluß zum Nebenfeld. Der Rückwirkung des Verbraucherkreises auf den Erregungsvorgang ist weiterhin Vorschub gegeben.

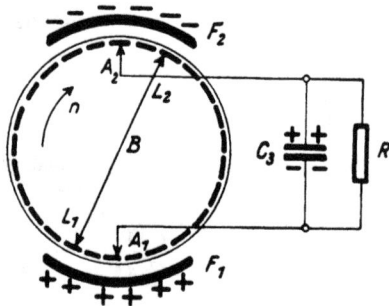

Bild 49. Maschine von Wommelsdorf, gekennzeichnet durch doppelte Ausnutzung jeder Lamelle.

Hat die Lamelle L_2 gerade den Ausgleicher berührt, so verläßt sie denselben mit der Anfangsladung $C_1 \cdot U_f$; mit dieser wird sie gegen den Abnehmer A_1 bewegt; sie kommt nun aber hier nicht wie früher als neutrale Lamelle am Abnehmer an, sondern hat bereits die Ladung $+ C_1 \cdot U_f$, die an den Maschinenkondensator abgegeben werden kann. Gleichzeitig werden aber noch durch die Konduktorplatte F_1 die Influenzladungen $+ C_1 \cdot U_f$ und $- C_1 \cdot U_f$ hervorgerufen, so daß zum Verbrauch die Ladungen $+ 2 C_1 \cdot U_f$ an den Maschinenkondensator abgegeben werden. Bei dieser Art der Erzeugung wird natürlich die Spannung zwischen den Lamellen und den Konduktorplatten doppelt so hoch, wie ehedem; ein Umstand, der — wie später ersichtlich — für praktische Spannungsbegrenzung von wesentlicher Bedeutung ist. Die Spannung am Kondensator C_3 ist zunächst Null; nach Anlaufen der Maschine und der ersten Berührung der Lamelle L_2 steigt sie auf den Wert

$$U_{a_1} = \frac{2 C_1 U_f}{C_2 + C_3} \qquad \dots \dots \quad (70)$$

und fällt durch Entladung während der Zeit t_0 auf den Wert

$$U_{b_2} = \frac{2\,C_1\,U_f}{C_2 + C_3} \cdot e^{-\alpha} \quad \ldots \ldots \ldots \ldots (71)$$

Hierauf kommt eine neue Lamelle mit neuer Ladung von der Größe $2\,C_1 \cdot U_f$, wodurch die Spannung auf den Wert

$$U_{a_2} = \frac{2\,C_1 \cdot U_f}{C_2 + C_3} \left[1 + \frac{C_3 \cdot e^{-\alpha}}{C_2 + C_3} \right] \quad \ldots \ldots \ldots (72)$$

hinaufschnellt. Wiederum fällt sie ab und wird nach weiteren t_0

$$U_{b_3} = U_{a_2} \cdot e^{-\alpha} \qquad \ldots \ldots (73)$$

Es tritt ein Vorgang fortgesetzten Aufladens mit anschließender ständiger Entladung ein, der aber mit einem gleichzeitigen ständigen Anwachsen der oberen Spannung verbunden ist (da sonst eine völlige Entregung stattfinden würde). Man kann diese mathematische Verfolgung weiterführen und findet, daß die Spannung nach einer geometrischen Reihe ansteigt. Der berechnete Anstieg der Spannung für die angenommenen normalen Konstanten C_1, C_2 usw. im Leerlauf zeigt das Schaubild (Bild 50), den Verlauf der Spannungsschwankung im Betriebszustand bei Belastung das Bild 51.
Der Betriebsstrom im Verbraucher-

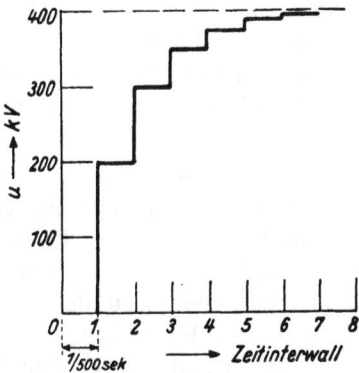

Bild 50. Anstieg der Spannung einer Wommelsdorfmaschine im Leerlauf.

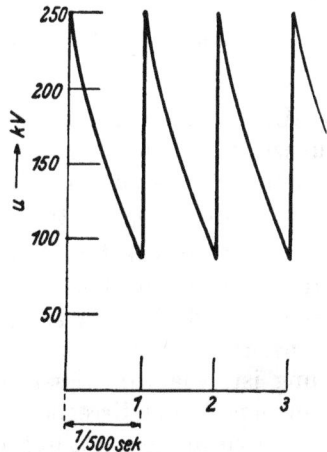

Bild 51. Spannungsschwankungen der Wommelsdorfmaschine im Betriebszustand.

widerstand ändert sich genau proportional der an ihm liegenden Spannung; er zeigt also dieselbe Schwankung, die schon in Bild 51 wiedergegeben ist. Weiter soll hier auf diese Verhältnisse nicht eingegangen werden, da alles physikalisch Wesentliche gesagt ist und die Maschinen nicht mehr die Bedeutung haben, daß ihre Neuentwicklung zu erwarten wäre. Wir können zusammenfassen, daß der fremderregte, elektrostatische Generator beschrieben ist durch

1. die Leerlaufspannung $\qquad U_L = 2\dfrac{C_1}{C_2}U_f$

2. die Kurzschlußspannung $U_K = \dfrac{2C_1}{C_2 + C_3}U_f$ $\qquad$ . . . (74)

3. den Kurzschlußstrom $\qquad i_K = \dfrac{n \cdot l \cdot C_1}{30} \cdot U_f$

c) Maschine ohne Ausgleicher. Es besteht bei der Wommelsdorfmaschine grundsätzlich die Möglichkeit, den Ausgleicher fortzulassen, wie das Bild 52 zeigt. Die Stromverhältnisse werden hierbei völlig andere. Eine doppelte Ausnutzung der Lamellen, so daß der Strom sich ebenfalls verdoppelt, ist dann nicht zu erwarten.

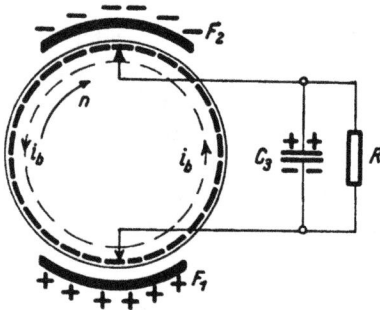

Bild 52. Fremderregte Maschine ohne Ausgleicher.

Die Abnehmer müssen aber unter dem Erregerfeld direkt stehen. Die Funktion des Ausgleichers übernimmt hierbei die Verbraucherleitung selbst (weitere, gesteigerte Abhängigkeit vom Verbraucherkreis), diese überquert jetzt an Stelle des ersteren das Hauptfeld. Unter den Feldplatten werden wieder die Ladungen $\pm C_1 \cdot U_f$ influenziert und dort zum Teil abgegeben, während auf den Lamellen die Ladung $C_2 \cdot u_b$ zurückbleibt; die Maschine ist, wie wir sehen, wesentlich schlechter ausgenutzt.

d) Verluste der Maschinen. Der im Prinzip der Elektrizitätserzeugung bei diesen Maschinen liegende Nachteil ist der, daß die Kapazitäten C_1 und C_2 klein sind. Es werden deshalb nur kleine Ladungen influenziert, und die Stromergiebigkeit bleibt gering. Die erzeugte Ladung ist, wie wir wissen, $Q = C \cdot U$. Aus diesem Grunde wird im allgemeinen 1. die Erregerspannung U_f hoch gewählt und 2. die Konstruktion so ausgeführt, daß die Lamellen der Scheibe möglichst dicht an den Konduktorplatten des Erregerfeldes vorbeigleiten. Nun ist das Hauptfeld zwischen zwei unter den Erregerplatten sich gegenüberliegenden Lamellen über den Ausgleicher (Querkonduktor) kurzgeschlossen. Die volle Erregerspannung liegt also zwischen den beiden möglichst klein gehaltenen Luftspalten. In diesen ist die Durchbruchfeldstärke bald überschritten; es tritt ein Ausgleich der Elektrizitäten durch Sprühen ein, das einen direkten Verlust an Leistung darstellt. Die Verluste infolge von Isolationsströmen sind dagegen gering. Mit

Peek können wir analog der Verlustleistung einer bestimmten Leiter-
anordnung ansetzen, daß die Verlustleistung N_v unserer Maschinen proportional dem Quadrat der Differenzspannung U gegen die Anfangsspannung U_0 ist:

$$N_v = k_1 (U - U_0)^2 \dots \dots \dots \dots (75)$$

und der Verluststrom

$$I_v = \frac{k_1 (U - U_0)^2}{U} \dots \dots \dots \dots (76)$$

Wir wollen zur Vereinfachung annehmen, daß ein großer Maschinenkondensator C_3 vorhanden ist, so daß wir die Spannungsschwankungen
vernachlässigen können. Das Bild 53 gibt die Stromspannungscharakteristik der verlustfreien und der
durch Sprühverluste beeinträch-
tigten Maschine wieder; für eine
Anfangsspannung von $U_0 = 200$ kV
und $k_1 = 2 \cdot 10^{-7}$ bei großen C_3.
In dem Schaubild ist 1. gemäß
Gleichung (76) $U = f(I_v)$ aufgetragen; 2. die Spannung in Abhängigkeit vom Belastungsstrom
für die verlustfreie Maschine. Die
Differenz der Abszissenabschnitte
ergibt den wirklichen Strom beim
beliebigen Belastungsfall. Wir gelangen so zu der neuen Kurve
$U = f(i_b)$ der Maschine mit Sprühverlusten.

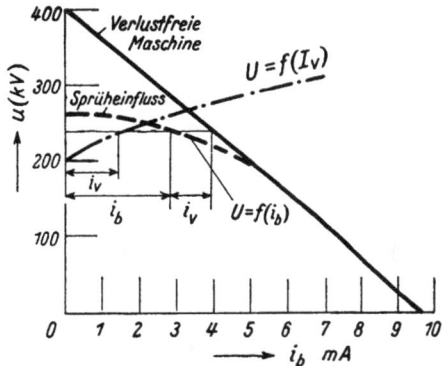

Bild 53. Stromspannungscharakteristik der verlustfreien und der durch Sprühverluste beein-
trächtigten Maschine.

19. Selbsterregte (Hauptfeld-) Maschine.

Alle in Gebrauch befindlichen Influenzmaschinen arbeiten aus-
nahmslos mit Selbsterregung. Ein Modell einer solchen Maschine nach
Pohl zeigt das Bild 54. Hierbei können
wir nicht, wie bei der fremderregten Maschine, die Größe des Nebenfeldes beliebig einstellen, sondern diese ist von vielen
Zufälligkeiten abhängig, insbesondere von
der zufällig vorhandenen Anfangsladung.

Wir wollen das Spiel des Aufladens
an Hand von nur zwei Lamellen verfolgen.
Zu Anfang des Aufladungsprozesses müssen irgendwelche geringe Ladungen vor-

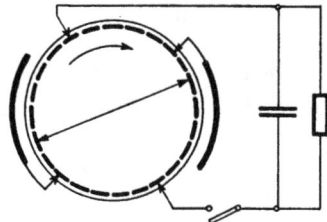

Bild 54. Selbsterregte (Hauptfeld-)
Maschine.

handen sein, die sich beim Umschaukelungsspiel verstärken. Es sei zu
Anfang die Spannung zwischen den Feldplatten U_{f0}; die Kapazität,

die sie bilden, sei C_4. Auf den Lamellen, die den Ausgleicher berühren, wird die Ladung $C_1 \cdot U_{f_0}$ influenziert. Diese Ladung wird beim noch offenen, äußeren Stromkreis (Abhängigkeit von der Belastung) nach einer halben Umdrehung der Scheibe den Feldplatten neu zugeführt, so daß zwischen diesen die Spannungen auf den Wert

$$U_{f_1} = \frac{C_1 + C_4}{C_2 + C_4} \cdot U_{f_0} \quad \ldots \ldots \ldots \ldots (77)$$

steigt. Nunmehr wird auf den Lamellen die Ladung $-C_1 \cdot U_{f_1}$ influenziert, die den Erregerfeldplatten wieder zugeführt wird, wodurch jetzt die Spannung

$$U_{f_2} = \left(\frac{C_1 + C_4}{C_2 + C_4}\right)^2 \cdot U_{f_0} \quad \ldots \ldots \ldots \ldots (78)$$

wird. Nach der Zeit t bei l Lamellen wird die Spannung zwischen den Feldplatten

$$U_F = \left(\frac{C_1 + C_4}{C_2 + C_4}\right)^{\frac{n \cdot l \cdot t}{60}} \cdot U_{f_0} \quad \ldots (79)$$

Da C_1 immer größer als C_2 ist, wird der Klammerausdruck größer als 1 und die Maschine erregt sich in jedem Fall (ohne Belastung!). Die Werte von U_F könnten also ∞ werden, wenn nicht durch Sprühverluste eine Grenze gesetzt würde.

Nun soll die Maschine belastet werden. Das geht nur dann, wenn die Spannung an den Abnehmerelektroden U_b mindestens ebenso groß ist wie die Spannung des Feldes. Ist die erstere aber kleiner, so würden die Lamellen die Feldbügel mit kleinerer Spannung berühren als sie selbst haben und so den Feldplatten ständig Ladung entziehen, was nach kurzer Zeit die völlige Entregung der Maschine zur Folge hätte. Es ist also zu fordern

$$U_b = U_F \quad \ldots \ldots \ldots \ldots \ldots (80)$$

An dieser Stelle erkennen wir die Richtigkeit unserer systematischen Einteilung in Haupt- und Nebenfeldmaschinen. Die selbsterregte Hauptfeldmaschine kann nur bei genauer Kontrolle des Belastungskreises wirkungsvoll benutzt werden. Durch Benutzung dieser Bedingung mit Gleichung (58) und (61) erhalten wir

$$n \cdot R = \frac{60}{l\,(C_2 + C_3)\ln \dfrac{C_1 + C_3}{C_2 + C_3}} \quad \ldots \ldots \ldots (81)$$

Die rechte Seite enthält nur Konstante, so daß wir setzen können

$$n \cdot R = k_2 \quad \text{oder} \quad R = \frac{k_2}{n}.$$

Die Belastbarkeit der Maschine ist also lediglich von ihrer Drehzahl abhängig, und zwar können wir die Maschine bei hoher Drehzahl auch hoch belasten (kleiner Widerstand).

20. Berücksichtigung der Sprühverluste.

Wir können die Grundlage für die Leerlaufkennlinie erhalten, wenn wir die letzte Gleichung mit Gleichung (75) verbinden und bekommen

$$U_L = \frac{U_0}{1 - \sqrt{\dfrac{n}{k}}}, \quad \text{wobei } k = k_1 \cdot k_2 \text{ ist.}$$

Das Bild 55 zeigt die Leerlaufspannung in Abhängigkeit von der Drehzahl mit $U_b = 100$ kV, $k_1 = 1{,}72 \cdot 10^{-7}$, wofür $k = 8 \cdot 10^3$ wird. Hierbei würde bei der Drehzahl $n = 8000$ U/min die Spannung unendlich werden; jedoch wird die Durchbruchfeldstärke bereits bei wesentlich kleinerer Drehzahl erreicht.

Die Sprühverluste haben wir früher so eingeführt (Gleichung (75)), als wenn im Belastungskreis ein Widerstand von der Größe

$$R_v = \frac{1}{k_1} \left(\frac{U}{U - U_0} \right)^2$$

vorhanden wäre. Zu diesem müssen wir uns den wirklichen Belastungswiderstand R_b parallel geschaltet denken, so daß der gesamte wirksame Widerstand

$$R = \frac{1}{\dfrac{1}{R_v} + \dfrac{1}{R_b}} \qquad \ldots \text{ (82)}$$

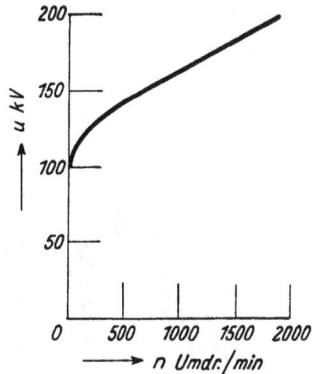

Bild 55. Drehzahlkennlinie der selbsterregten Maschine.

wird. Aus der Kennlinie Bild 56 gehen die Verhältnisse klar hervor. Hier ist in Abhängigkeit von der Betriebsspannung 1. der Gesamtstrom, der eine Gerade ergibt, aufgetragen und 2. der Verluststrom i_v,

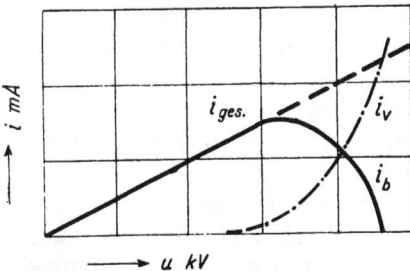

Bild 56. Stromspannungskennlinien der selbsterregten Maschine mit Sprühverlusten.

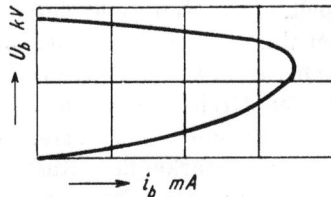

Bild 57. Stromspannungskennlinie in der üblichen Form $U = f(i_b)$.

der erst bei einer gewissen Spannung einsetzt und dann nach einer Parabel ansteigt. Die Differenz der beiden gibt den nutzbaren Betriebsstrom i_b. In Bild 57 ist das letzte Schaubild umgezeichnet auf die in der Elektrotechnik übliche Form $U_b = f(i_b)$. Aus der Tatsache, daß die Kurve einen Wendepunkt hat, geht hervor, daß bei größer werdender Belastung (kleiner werdendem R_b) die Stromergiebigkeit der Maschine wieder abnimmt.

21. Ausgeführte Maschinen und ihre Kennlinien.

Das ausgeführte elektrische Schema dieser Generatoren ist etwas verwickelter als die eben gezeigten Modelle. Bild 58 zeigt eine der weitverbreiteten kleinen Maschinen mit zwei entgegenlaufenden Hartgummiplatten (Holtz II, Konstruktion »Wimshurst«). Das Schema ist in Bild 59 dargestellt. Den Lamellen L stehen hier auf der zweiten Scheibe die Lamellen M gegenüber. Dadurch ändert sich gegenüber

Bild 58. Maschine mit zwei gegenläufig rotierenden Platten (Holtz II, Konstruktion Windhurst).

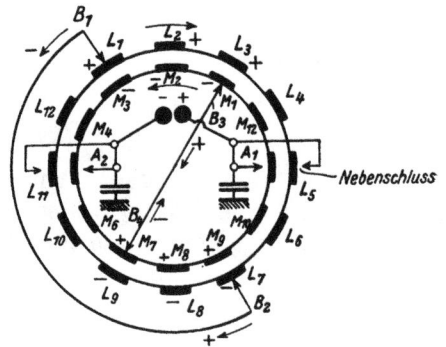

Bild 59. Vollständiges Schema der Holtz-II-Maschine.

unserem Modell 1. die Lamellenzahl; diese wird verdoppelt; 2. erscheint dadurch, daß die Lamellen gegeneinander laufen, die Drehzahl/s verdoppelt. Das Hauptfeld verläuft in der Richtung von A_1 nach A_2 oder denen ihnen angeschlossenen metallischen Teilen; an diese ist der Verbraucherkreis angeschlossen. Um einen gewissen Winkel im jeweils ablaufenden Drehsinn stehen die Ausgleicher B_1, B_2 bzw. B_3, B_4 versetzt. Bei ihnen findet der Erregungsvorgang und Influenz (Verstärkung) statt. Die Stärke der Rückwirkung des Verbraucherkreises auf den Erzeugungsvorgang ist gegeben durch den Grad der Beeinflussung des Hauptfeldes auf das Erregerfeld, ist also abhängig von der Stellung der

Abnehmer, die um die Achse drehbar angeordnet sind. Die Lamelle L_1 habe durch den Ausgleicher B_1 eine geringe positive Ladung bekommen. L_1 kommt durch Drehung erst in die Stellung L_2 und dann nach L_3. Hier steht ihr der Ausgleicher B_3 gegenüber. Auf ihm wird negative Ladung influenziert und die positive Ladung zweiter Art nach

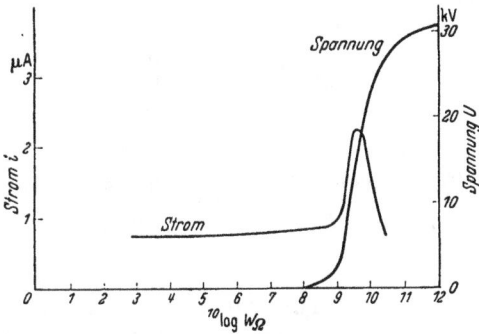

Bild 60. Strom- und Spannungsverlauf einer Wimshurstmaschine in Abhängigkeit von der Belastung.

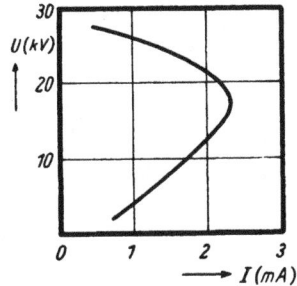

Bild 61. Kurven der Abb. 60, umgezeichnet auf eine Form $U = f(i)$.

M_7 geschickt. Verfolgen wir M_1 auf seinem Wege über M_2 nach M_3. Hier erregt die Ladung von M_3 eine positive Ladung auf dem gerade gegenüberliegenden L_1 und drückt die entsprechende negative nach L_7. Die positiv gewordene Lamelle L_1 kommt wieder nach L_3 und erregt dort von neuem den Aufladeverstärkevorgang. Außerdem kommt

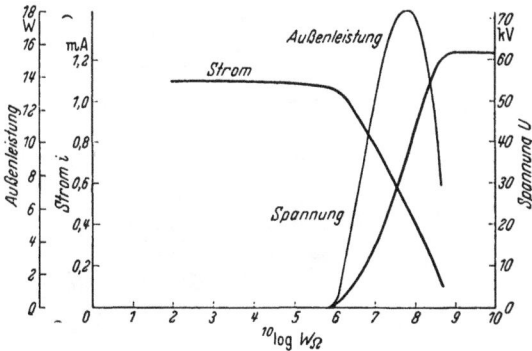

Bild 62. Strom und Spannung in Abhängigkeit von der Belastung einer Toepler-Maschine, Bauart Leuner.

L_3 in die Stellung L_5 und kann dort seine Ladung zum Verbrauch an A_1 abgeben. Alles andere spielt sich, wie man leicht sieht, weiter ein.

Für eine solche Maschine sind für verschiedene Belastungswiderstände Strom und Spannung aufgenommen, und ihr Verlauf ist in Abhängigkeit vom Widerstand aufgetragen (Bild 60, Kossel). Sie bestätigen genauestens unsere theoretischen Überlegungen an dem Modell. Man kann nämlich das letzte Schaubild so umzeichnen, daß man eine Kurve $U = f(i)$ erhält, was in dem Bild 61 ausgeführt ist. Wir erhalten genau die Kurvencharakteristik, wie wir sie schon durch theoretische Betrachtungen gefunden hatten.

Bei der ursprünglichen Holtzschen Maschine wurden die Elektrizitäten einfach auf den Glasplatten ohne jede Metallbelegung transportiert; das Influenz- und Aufschauklungsspiel der Ladungen war jedoch das gleiche.

Des weiteren zeigt das Bild 62 die aufgenommenen Kennlinien einer Toepler-Maschine, Bauart Leuner, mit 2×18 Glasplatten, die ihre Konduktoren im Nebenschluß auflädt (vgl. Bild 46c, Kossels Systematik) und dadurch den Kennliniencharakter, ähnlich dem einer fremderregten Maschine, erhält, wie das Bild 63 beweist, die eben-

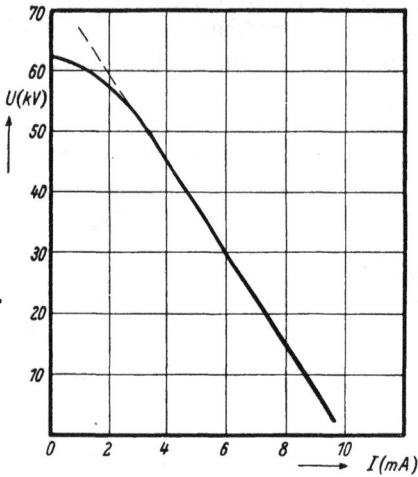

Bild 63. Kurven der Abb. 62, umgezeichnet auf die Form $U = f(i)$.

Bild 64. Toepler-Maschine.

falls durch Umzeichnen der Bildes 62 gewonnen worden ist. Den Maschinentyp, mit dem die letzten Kennlinien aufgenommen wurden, zeigt das Bild 64.

IV. Elektrostatische Bandgeneratoren.

22. Grundvorgang.

Wir betrachten das nebenstehende Bild 65. Hierin ist E eine metallene Hochspannungselektrode, die z. B. kugelförmig sein kann. B ist ein endloses Band aus Isolierstoff, das über die Rollen R_1 und R_2 läuft, wobei R_2 die angetriebene ist. Dem Band B wird zwischen der Elektrodenanordnung — Spitze S — Platte T — aus einer Gleichspannungsquelle U auf der der Spitze S zugekehrten Seite Ladung aufgesprüht, wenn — und das wollen wir so einrichten — die Spannung U so hoch ist, daß zwischen S und T eine Sprühentladung einsetzt. Die Ladungen werden vom Band aufgefangen und in die Elektrode transportiert. Diese wirkt als Faraday-Käfig, und die vom Band herangebrachten Ladungen fließen über den Spitzenkammabnehmer A sofort auf die Oberfläche der Elektrode, die sich auf eine gewisse, von verschiedenen Faktoren abhängige Spannung auflädt, welche von dort dem Verbraucher zugeführt werden kann.

Bei der Anordnung des Bildes 65 haben wir es mit einem Gleichstromumformer zu tun, der uns Gleichstrom von der niederen Spannung U in Gleichstrom einer höheren, noch näher zu untersuchenden Spannung umformt; wir wollen für den Umformer die Bezeichnung elektrostatischer Generator beibehalten. Wir müssen, genau wie früher, zwei Felder (oder genau genommen drei) auseinanderhalten. Das eine ist das Feld der Hochspannungselektrode, also das Hauptfeld; das andere ist das des laufenden Bandes, dazu gesellt sich als drittes das Feld zwischen der Spitze S und Influenzplatte T, das Erregerfeld. Es ist unmittelbar mit dem Feld des laufenden Bandes verquickt, so daß wir, wenn wir vom Nebenfeld reden, die beiden gemeinsam verstehen wollen, da sie eine organische Einheit bilden.

Nun erkennen wir, daß beide Felder unabhängig voneinander bestehen können. Wir können z. B. den Hochspannungskörper erden —

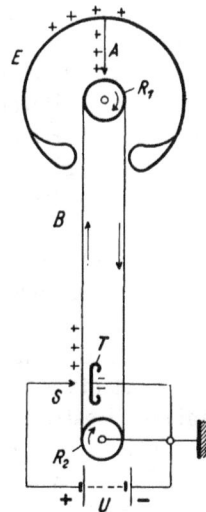

Bild 65. Einfaches Schema eines Bandgenerators. Die zwischen S und T aufgesprühte Ladung wird durch das Band B über den Abnehmer A auf die Elektrode E befördert.

wobei das Hauptfeld zusammenbricht —, ohne daß das Nebenfeld dadurch gestört oder der Erregungsvorgang beeinträchtigt wird und ohne daß die Stromlieferung an den oberen Abnehmer aufhörte. Dadurch sind wir in die Lage versetzt z. B. den Kurzschlußstrom zu messen. Wir haben also in dieser Maschine nach unserer Systematik den Vertreter einer Nebenfeldmaschine mit allen ihren Vorzügen vor uns.

Ehe wir uns den verschiedenartigsten Schaltungen und Maschinengattungen zuwenden, wollen wir eine allen diesen gemeinsame Eigenschaft untersuchen, nämlich die Höhe der abgebbaren Spannung.

23. Spannung.

a) Theoretischer Maximalwert der Spannung. Die Elektrode besitzt im allgemeinen eine geometrisch einfache Gestalt; sie besteht entweder aus einer Kugel oder einem Zylinder, der an beiden Enden mit je einer Halbkugel von gleichem Radius abgeschlossen ist. Die Größe des Potentiales, das eine Elektrode annehmen kann, hängt ab von der Höhe der Durchbruchfeldstärke an seiner Oberfläche. Die Feldstärke E einer Kugel vom Radius r und dem Potential V, die frei im Raum schwebt, wird einfach $E = V/r$. Das Potential kann so lange wachsen, bis E den Wert der Durchbruchfeldstärke E_D erreicht, also der Durchbruch der Spannung in Form eines Funkens in den Raum erfolgt; und zwar ist das dann der Fall, wenn E die elektrische Festigkeit δ des umgebenden Mediums überschreitet. δ ist eine dem betreffenden Stoff eigentümliche Konstante. Für atmosphärische Luft ist ihr Wert etwa 20 kV/cm. Für andere Gase kann sie ganz andere Werte haben. Bestimmen wir nach dieser einfachen Beziehung die Höhe des Potentials, die z. B. eine Kugel vom Radius 50 cm annehmen kann, so erhalten wir dafür 1000 kV. Leider liegt im praktischen Gebrauch dieser Fall nicht vor, denn die Elektrode befindet sich in einem Versuchs- oder Laboratoriumsraum, dessen Wände, denen wir Erdpotential zuschreiben müssen, die erreichbare Spannung herabdrücken. Wir wollen diesen Umstand dadurch berücksichtigen, daß wir die Kugelelektrode umhüllt denken von einer weiteren Metallkugel von solcher Größe, daß sie die nächstliegende Wand gerade berührt; ihr Radius sei R. Wir müssen also die Spannung eines Kugelkondensators bestimmen, bei dem die innere Kugel eine so große Ladung Q erhalten soll, daß an ihrer Oberfläche die Durchbruchfeldstärke E_D herrscht; es muß daher $E_D = \dfrac{Q}{4\pi\varepsilon_0 r^2}$ sein. Die Spannung wird durch das Linienintegral

$$U_D = \int_R^r \frac{Q}{4\pi\varepsilon_0 r^2}\, dr = \frac{Q}{4\pi\varepsilon_0}\left[\frac{1}{r} - \frac{1}{R}\right]$$

gefunden. Drücken wir hierin Q durch E_D aus, so wird

$$U_D = E_D \cdot r \left(1 - \frac{r}{R}\right) \quad . \quad . \qquad \ldots \quad (83)$$

Würde in unserem Beispiel $R = 200$ cm sein, so haben wir nur 750 kV zu erwarten, ein Wert, der experimentell tatsächlich gefunden wird. Fragen wir nun nach dem günstigsten Radius r einer Hochspannungselektrode bei gegebenen Abmessungen eines Versuchsraumes, so erhalten wir ihn durch Differenzieren der Gleichung (83) nach r mit dem Ergebnis $r = \frac{R}{2}$. Das Bild 66 zeigt den Verlauf der höchstmöglichen Spannung bei festgehaltenem R und wachsendem Elektrodenradius r; zuerst steigt die Spannung, das Maximum liegt bei $r = 0,5\,R$. Die innere Kugel muß also, um höchste Aufladung zu erlauben, so groß sein, daß der Abstand der Wand von ihrer Oberfläche nur halb so groß ist wie ihr Durchmesser. Es ist ein verbreiteter Irrtum zu glauben, die

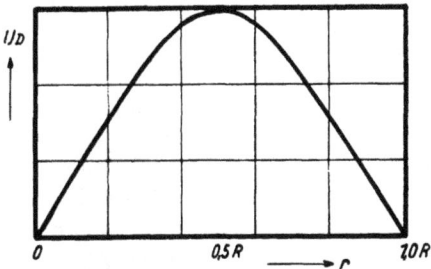

Bild 66. Durchbruchspannung eines Kugelkondensators bei festem R und veränderlichem r.

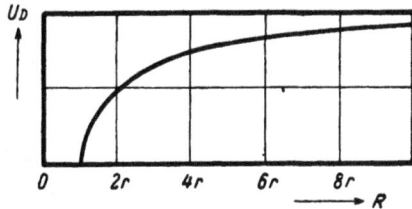

Bild 67. Durchbruchspannung eines Kugelkondensators bei gegebenem r und veränderlichem R.

Spannung würde um so höher werden, je weiter die Elektrode von der Wand entfernt sei.

Bei gegebener Elektrodengröße läßt ein größerer Raum natürlich eine größere Spannung zu, sie wird am größten bei $R = \infty$; lohnenden Gewinn bringt jedoch nur eine Steigerung von R auf etwa $4\,r$, wie Bild 67 zeigt. In diesem Schaubild ist der Anstieg der Spannung bei wachsendem R und festgehaltenem r aufgetragen, wie es einem größer werdenden Raum bei gegebenem Elektrodendurchmesser entspricht.

Ist die Elektrode zusammengesetzt aus einem Zylinderstück und zwei Halbkugeln von gleichem Radius, so ist ihr gefährdeter Teil die Halbkugel, denn von ihr aus fällt das Potential mit $1/r$; von dem zylindrischen Teil aus aber nur mit $1/\ln r$, da sich die Feldstärke E eines Zylinderstückes von der Länge l in einem Abstand r senkrecht von der Zylinderachse zu $E = \dfrac{Q}{2\,\pi\,\varepsilon_0\,r \cdot l}$ ergibt, wobei das Potential durch Integration als logarithmisches Potential gefunden wird.

5*

Es gibt auch Generatoren, die in einem zylindrischen Tank eingebaut sind und deren Hochspannungselektrode die Form eines Zylinders mit konaxialer Lage zum
Tank hat. Diese Zylinder-
elektrode kann an beiden Enden durch Zylinder gleicher
Radien aus Halbleitermaterial
(Bild 92 a bis c), deren äußere
Enden Erdpotential haben,
fortgesetzt sein. Hierdurch
entsteht eine solche Feldverteilung, daß für den metallischen Mittelteil die Formeln
für unendlich lange Zylinder
gelten. Bei diesen wird der
Maximalwert der Feldstärke an der Oberfläche des inneren Zylinders

$$E_{max} = \frac{U_0}{r \cdot \ln \dfrac{R}{r}},$$ wobei U_0 die konstante Spannung zwischen ihnen,

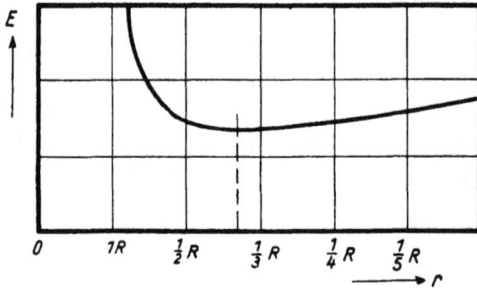

Bild 68. Verlauf der Feldstärke eines Zylinderkonden-
sators bei gegebener Spannung, festem R und veränderlichem r.

sowie r und R die Radien des inneren bzw. des äußeren Zylinders sind.
Hält man R fest und fragt nach dem Verlauf von E bei sich ändern-
dem r, so ergibt sich das Bild 68. Die Feldstärke durchläuft ein Mini-
mum für ein Verhältnis $R/r = 2,73$. Man wird also bei einer solchen
Generatorbauart die Radien nach diesem Verhältnis bemessen.

b) Grenzspannung. Das Maximalpotential auf einer Elektrode ist
dann erreicht, wenn die Feldstärke auf ihrer Oberfläche auf den
Wert der Durchbruchfeldstärke gestiegen ist. Ein höheres Potential
kann die Elektrode nicht annehmen, weil dann ein Funkenüberschlag
in die Umgebung erfolgt. Diese maximale Spannung U_{max} der Elektrode braucht nicht identisch zu sein mit der Grenzspannung U_G, die
ein elektrostatischer Generator zu liefern vermag. Bevor U_{max} erreicht
wird, treten erstens Sprühverluste ein, die auch mit Korona- oder
Strahlungsverlusten bezeichnet werden; d. h. die Elektrode verliert
ständig an Ladung durch Sprühen (Strahlung) in die Umgebung. Zweitens treten Ableitungsverluste auf. Sie äußern sich in Strömen
längs der Isolierträgersäule zur Erde oder durch Abrutschen von Ladungen längs des Ladungstransportbandes. Die Grenzspannung U_G
stellt sich ein, wenn die Summe aus Verbraucherstrom, Ableitungsstrom
und Sprühverluststrom dem durch die Transportorgane nachgelieferten
Ladestrom gleich geworden ist. Ist die erstere Summe der Ströme
kleiner oder höchstens gleich groß dem nachgelieferten Strom, dann
erreicht die Grenzspannung die Maximalspannung und die Größe der
Elektrode ist wirklich ausgenutzt; im anderen Fall ist U_G immer kleiner

als U_{max}. Die Grenzspannung ist also wesentlich vom Verbraucherstrom abhängig, da dieser im allgemeinen den Hauptanteil der dem Generator entnommenen Ströme darstellt. Man könnte sie deshalb auch als Betriebsspannung bezeichnen. Im Leerlauf erreicht die Grenzspannung im allgemeinen die Maximalspannung.

Die Summe der Verlustströme schwankt mit dem relativen Feuchtigkeitsgehalt der umgebenden Luft. Bei geringer Feuchtigkeit ($\leq 30\%$) sind die Verlustströme recht klein, die Transportleistung des Bandes groß, also U_G ebenfalls groß. Bei über 70% rel. Feuchtigkeit arbeiten die elektrostatischen Maschinen schlecht, oft sind sie gar nicht ordnungsgemäß in Betrieb zu bringen, so daß wenigstens für den Raum, in dem das Ladungsband läuft (innerhalb einer Isolierträgersäule) ein Trocknungssystem vorzusehen ist, um durch hohen Ladungsstrom die Grenzspannung einigermaßen hochzutreiben.

Aber noch von anderer Seite droht einer hohen Grenzspannung Gefahr. Sie geht aus von Störungen der glatten Oberfläche der Hochspannungselektrode und ist in zweierlei Hinsicht interessant. 1. Muß man aus konstruktiven Rücksichten wissen, in welchem Umfang hervorstehende Nietköpfe, Randleisten an Öffnungsklappen, eingesetzte Netze aus Drahtgaze, also Konstruktionselemente mit sehr kleinen Krümmungsradien, die Durchbruchspannung herabsetzen bzw. wie sie die Koronaverluste vergrößern können. 2. Können Staubteilchen — insbesondere Fasern — an den Ort größter Feldstärke, also die Elektrodenoberfläche herangeholt werden. Dort richten sie sich in Feldrichtung auf und drücken durch lebhaftes Sprühen oder Funkenüberschlag großer Reichweite die Grenzspannung herunter. Durch den Funken wird die Störung meist beseitigt; doch hat jede neue Faser dasselbe Spiel zur Folge. Diese unerfreuliche Erscheinung ist jedoch für die erreichbare Grenzspannung praktisch maßgeblich.

Wir wollen uns deshalb überlegen, von welcher Größe die Spannungsreduzierung bei Vorhandensein solcher Konstruktionselemente starker Krümmung oder Auftreten von Störungen durch Staubfasern sein kann. Betrachten wir das homogene elektrische Feld zwischen zwei Kondensatorplatten und bringen eine metallische Halbkugel in der in Bild 69 gezeigten Weise ein, so wird der Feldverlauf gestört; die Feldstärke wird an dem oberen Kugelpunkt dreimal so groß wie im übrigen Feldraum, und zwar unabhängig vom Kugelradius, wie sich leicht ausrechnen läßt. Bei einem

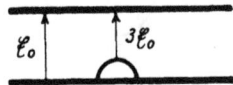

Bild 69. Verdreifachung der Feldstärke am oberen Punkt einer in einen Plattenkondensator eingebrachten Halbkugel.

mit der Ebene verbundenen Halbzylinder, dessen Achse in der Ebene liegt, wird die Feldstärke zweimal so groß wie im übrigen Feldraum, ebenfalls unabhängig vom Radius, und bei einem aus der Ebene herausragenden Hyperboloid, dessen Achsenrichtung mit der Feldrichtung

zusammenfällt und als Modell für eine herausragende Spitze gelten
kann, ist die größte Feldstärke nur von dem Asymptotenwinkel der
Spitze abhängig.

Wird demnach der Feldverlauf z. B. durch kleine Halbkugeln (Nietköpfe) gestört, so gibt nicht etwa die mit kleinstem Radius die stärkste
Störung, sondern sie ist bei allen gleich groß. Im Gegenteil ist der ge-
störte Feldbereich auch bei dem kleinsten Nietkopf am kleinsten; der
Feldverlauf der Störung einer großen und einer kleinen Halbkugel bleibt
sich geometrisch ähnlich und die dabei sich geometrisch entsprechenden
Punkte haben gleich große Feldstärke. Nun ist klar, daß in einem
größer ausgedehnten Störbereich die Möglichkeit der Bildung von
Sekundärelektronen — durch ein von außen eindringendes Elektron —,
die zur Entstehung einer selbständigen Entladung führen, viel größer
ist als bei einem kleinen Störbereich. Daraus ergibt sich die Bauanwei-
sung, irgendwie nicht vermeidbare Nietköpfe möglichst klein zu halten.
Bei Spitzen oder auftretenden Staubfasern zeigt sich hierzu analog,
daß eine sehr feine dünne Faser wohl Anlaß zum Sprühen gibt, dagegen
nur gröbere Teilchen zum Funkenüberschlag führen.

c) **Wege zur Erhöhung der Spannung.** Hierzu sind grundsätzlich zwei Möglichkeiten vorhanden. Die erste beruht darauf, daß
man einer äußeren Elektrode, Bild 70, die das Grenzpotential gegen
Erde erreicht, eine innere einbeschreibt; ihr kann man dann gegen die
äußere Kugel ein Potential geben, so daß ihr Potential gegen Erde noch
größer ist, als das der äußeren Elektrode. Beispielsweise besitze eine
Kugelelektrode von Radius $R = 100$ cm bei positiver Aufladung die
Grenzspannung 1,5 MV. Bauen wir nun in diese Kugel eine zweite von

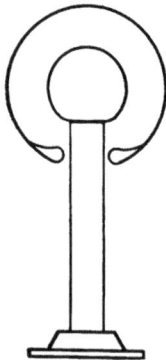

Bild 70. Möglichkeit
der Spannungserhö-
hung durch Ineinan-
derschachteln mehre-
rer Elektroden.

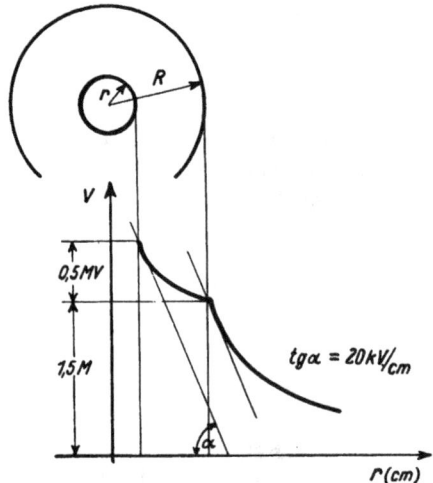

Bild 71. Potentialverlauf zweier ineinander-
geschachtelter Elektroden.

$r = 50$ cm ein, so kann bei einer angenommenen Feldstärke E_D von 20 kV/cm die Spannung der inneren gegen die äußere Kugel nach unserer Beziehung $U = E_D r \left(1 - \dfrac{r}{R}\right) = 500$ kV werden. Das nebenstehende Bild 71 zeigt den Potentialverlauf im Raum. Die gesamte für einen Verbraucher gegen Erde verfügbare Spannung wird nach unserem Beispiel somit 2 MV. Das günstigste Verhältnis der Kugelradien ist auch hier 1 : 2. Theoretisch kann man das Ineinanderschachteln weiterführen. In der Praxis stößt die Anwendung des Verfahrens auf Schwierigkeiten und wird wenig lohnend. Die Steuerung des Potentials der inneren Kugel gegen die äußere wird nämlich schwierig; man muß das Potential zwischen beiden Kugeln konstant halten. Man hilft sich in der Weise, daß man zwischen den beiden Elektroden über hohe Ohmsche Widerstände eine Glimmstrecke anbringt, so daß ein bestimmter größter Potentialunterschied nicht überschritten werden kann. Ebenso schwierig ist es, die Spannung des an der inneren Kugel liegenden Verbrauchers zu bestimmen. Ist der Verbraucher ein Entladungsrohr, so kann die Spannung mittels magnetischer Ablenkung der beschleunigten Teilchen bestimmt werden.

Die zweite Möglichkeit einer Spannungserhöhung, d. h. einer Erhöhung über die durch die Geometrie der Anordnung gesetzten Grenzen, kann unter Benutzung der Aussage des Paschenschen Gesetzes mittels erhöhten Gasdruckes geschehen. Die spannungführenden Teile befinden sich in Räumen gesteigerten Gasdruckes. In diesen steigt (Kapitel 5) die Durchbruchfeldstärke proportional dem Druck an, und damit gemäß unserer Beziehung Gleichung (12) auch die Durchbruchspannung. Man wird ein Füllgas wählen, das bei Normaldruck schon ein hohes E_D besitzt oder bei dem der Anstieg des E_D mit dem Druck recht steil verläuft. Solche Gase sind z. B. Tetrachlorkohlenstoff CCl_4 und Dichlordifluormethan CCl_2F_2 (Freon).

24. Strom.

Wollen wir ein… Überblick über die Stromergiebigkeit eines Bandgenerators gewinnen, so müssen wir untersuchen, welche Ladungsmengen das Band als Ladungsträger transportieren kann. Dazu gehört, daß wir die Vorgänge kennen lernen, die zur Beladung des Bandes führen.

a) Beladung. Dem Beladungsvorgang müssen wir das in Bild 72 gezeigte Schema zugrunde legen. Die als sehr dünn dargestellte Transportfläche T (Band oder Scheibe) läuft zwischen dem Elektrodensystem — Spitze S gegenüber der Platte P — hindurch. Zwischen S und P bildet sich durch die Transportfläche T hindurch eine in Bild 72a skizzierte Feldverteilung aus, wenn an ihnen eine Spannung U liegt.

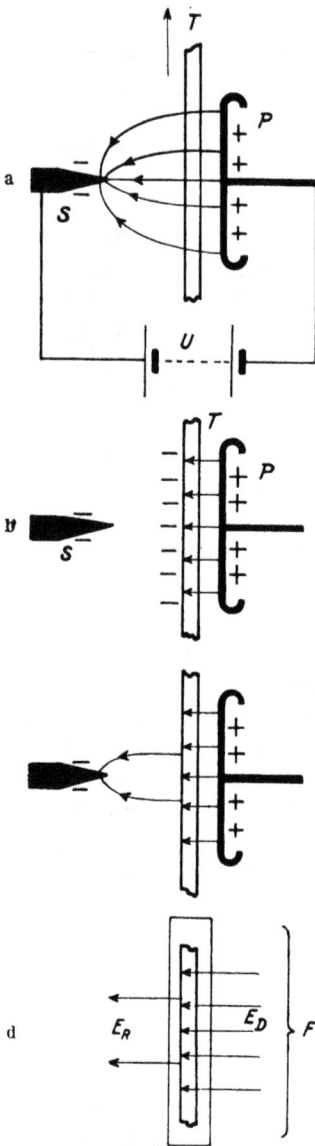

Bild 72 a—d. Beladungsvorgang
des Transportbandes.

Ist diese nun so groß, daß an der Spitze die Durchbruchfeldstärke überschritten wird, so strömt Ladung von S auf die Platte P zu, wird aber von dem Ladungsträger T abgefangen. Denken wir uns diesen zunächst ruhend, so fließt Ladung so lange von S auf das Band, bis der Spitzenstrom erlischt; dieses geschieht in dem Augenblick, wenn die räumliche Ladungsverteilung derart verändert ist, daß die Feldstärke zwischen Spitze und Band klein wird und kein Austritt von Elektrizitätsteilchen aus S mehr stattfindet. Wir wollen zunächst annehmen, daß das dann geschehe, wenn das Feld vor der Spitze völlig zusammengebrochen und eine Feldverteilung eingetreten ist, wie sie Bild 72b darstellt. Es besteht nur mehr ein Feld zwischen der Platte P und dem Ladungsträger T. Die Feldstärke dieses Feldes darf nun ihrerseits den Wert der Durchbruchfeldstärke E_D nicht überschreiten, da dann Elektrizitätsteilchen von P nach dem Ladungsträger T übersprühen und die Ladung auf dem Band teilweise wieder kompensieren. Hieraus ersehen wir, daß die Ladungsdichte auf T den Grenzwert einer einseitigen Beladung nicht übersteigen kann, da nur auf der einen Seite von T ein Feld besteht.

Wir erkennen, daß auch dieser Grenzwert nicht voll erreicht wird, denn der Spitzenstrom erlischt schon bei einer gewissen Minimalspannung, ehe das Feld vor der Spitze gänzlich zusammengebrochen ist, d. h. es greifen noch Feldlinien von der Platte P nach der Spitze S durch, landen also gar nicht auf T, bringen aber an dem Ort, wo sie landen, nämlich an der Spitze S, keinen Sprühstrom mehr in Gang. Die auf der linken Seite von T verbleibende Restfeldstärke E_R ist also von der Durchbruchfeldstärke in Abzug zu bringen, um die für die Beladung maßgebliche Feldstärke E_B zu bestimmen (Bild 72c und d). Der oben betrachtete Grenzfall stellt somit einen Idealzustand dar, der auch theoretisch nicht erfüllt ist.

b) Numerischer Wert der Beladungsdichte. Die auf dem Band mögliche Beladungsdichte können wir jetzt aus dem Feldverlauf des Bildes 72d bestimmen, müssen uns jedoch klar sein, daß das Feld, so wie es dort gezeichnet ist, allein nicht bestehen kann, sondern hierzu an die in dem Bild 72c vorhandenen Elektroden gebunden ist. Diese sind in dem Bild 72d der besseren Übersicht wegen fortgelassen. Wir legen um das Band in bekannter Weise eine Hüllfläche, wieder von der Größe $2F$. Die Beladungsdichte wird unter Berücksichtigung der Tatsache, daß die Ladung nur auf einer Seite des Bandes sitzt,

$$\sigma = \frac{Q}{F} = \mathfrak{D},$$

und nach Bild 72d wird

$$|\mathfrak{D}| = \varepsilon_0 (E_D - E_R) \quad \ldots \ldots \ldots \ldots (84)$$

Für den Grenzfall, daß E_R nach Null geht und für $E_D = 30 \text{ kV/cm}$ wird

$$\sigma = \varepsilon_0 E_D = 0,885 \cdot 10^{-13} \cdot \frac{\text{Cb/cm}^2}{\text{V/cm}} \cdot 30 \cdot 10^3 \text{ V/cm}$$

$$\underline{\underline{\sigma = 2,65 \cdot 10^{-9} \text{ Cb/cm}^2.}}$$

Dieses ist der Wert der Dichte, die ein Band auf jeder seiner beiden Oberflächen erreichen sollte. Jedoch haben die bisher bekannt gewordenen Bandbeladungsverfahren nur eine Seite des Bandes beladen können.

Man kann sich nach einem Vorschlag von U. Neubert eines Systems von Elektrodenanordnungen bedienen, die eine beiderseitige Beladung des Bandes leisten muß. Das Bild 73 veranschaulicht dies. Zwischen der Spitze S_1 und der Platte P_1 wird der Ladungsträger T in der uns jetzt bekannten Weise beladen. Dann durchläuft T auf seinem weiteren Wege das zweite Elektrodensystem $P_2 - S_2$, welches die Beladung des Bandes T auf der anderen Oberfläche besorgt. Daß dieses gehen muß, kann man sich folgendermaßen vorstellen; zunächst gleicht die Spannung U_2 den im Raum von der Hochspannungselektrode her vorhandenen Potentialabfall aus. Die Spannung U_3 gibt dann der Spitze S_2 ein so hohes Potential gegenüber P_2 und dem schon einseitig beladenen Band, daß von S_2 aus ein Sprühstrom einsetzt, der von der rechten Oberfläche von T abgefangen und mit zur Hochspannungselektrode getragen wird. Durch dieses Verfahren muß es gelingen, beide Oberflächen des Bandes zu beladen; bisher ist es in keiner Anlage angewendet worden.

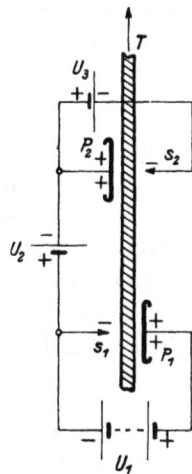

Bild 73. Elektrodensystem zur doppelseitigen Beladung des Transportbandes.

Bei Metallflächen, auf denen sich die Ladung immer auf beiden Oberflächen verbreitet, wird die maximal mögliche Dichte (Grenzdichte)

$$\sigma = \frac{Q}{2F} = |\mathfrak{D}| = \varepsilon_0 \cdot E_D = 2,65 \cdot 10^{-9} \text{ cb/cm}^2.$$ Damit ist klar, daß man grundsätzlich ein Band aus Isolierstoff mit doppelt so großer Ladung versehen kann wie ein Metallblech gleicher Größe. Bei Bandgeneratoren ist es bisher nur gelungen, eine Oberfläche des Bandes zu beladen.

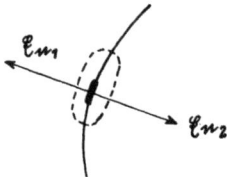

In der Literatur wird die Belegungsdichte meist in elektrostatischen CGS-Einheiten angegeben. Wir wollen die Ableitung dieser für die Bandgeneratoren so wichtigen Größe auch in diesem Maßsystem durchführen. Für eine geladene Fläche gilt allgemein (Bild 74)

Bild 74. Zur Ableitung von Gl. (85) und (86).

$$\mathfrak{E}_{n_1} + \mathfrak{E}_{n_2} = 4\pi\sigma \quad \ldots \ldots \ldots \ldots (85)$$

bei Symmetrie wird

$$2\,\mathfrak{E}_n = 4\pi\sigma$$

und wenn als Grenzfeldstärke E_D auftritt, wird

$$\sigma_{\max} = \frac{1}{2\pi} \cdot E_D \quad \ldots \ldots \ldots \ldots (86)$$

bei $E_D = 30$ kV/cm $= 100$ st. Einh./cm (1 st. Einh. der Spannung $=$ 300 V) ergibt sich

$$\sigma_{\max} = \frac{100}{2\pi} = 16 \text{ st. Einh. der Dichte,}$$

wovon also auf jede Oberfläche 8 CGS/cm² entfallen. Daraus erhalten wir durch Umrechnen

$$\sigma = \frac{8 \text{ CGS/cm}^2}{3 \cdot 10^{10} \text{ CGS/Cb}} = 2,65 \cdot 10^{-9} \text{ Cb/cm}^2$$

wie oben.

Bei einer Metallfläche muß die nach innen gerichtete Normalkomponente der Feldstärke Null werden, so daß $E_D = 4\pi\sigma$ und $\sigma_{\max} = 8$ CGS/cm² wird.

Die maximale Belegungsdichte $\sigma_{\max}$ wird, wenn wir uns an Gleichung (84) erinnern, niemals erreicht. Der Faktor $\varkappa$, mit dem $\sigma_{\max}$ multipliziert werden muß, um die wirklich vorhandene Dichte σ_w zu erhalten,

$$\varkappa \cdot \sigma_{\max} = \sigma_w \quad \ldots \ldots \ldots \ldots (87)$$

ist ein Gütemaß für die Stromlieferung der Maschine. Bei guten Maschinen liegt er zwischen 0,5 und 0,6.

c) Stromformel. Mit den gewonnenen Kenntnissen sind wir in der Lage, die Stromergiebigkeit eines Generators anzugeben; wir brauchen nur festzustellen, von wieviel Quadratmeter Fläche je Sekunde die Elektrode durchlaufen wird. Mit der Bandbreite b und der linearen Bandgeschwindigkeit v wird der maximale Strom

$$\boxed{I_{max} = \sigma_{max} \cdot b \cdot v} \qquad \ldots \ldots \ldots \quad (88)$$

Fassen wir $b \cdot v$ zusammen zu einer Flächengeschwindigkeit F, so erhalten wir

$$I_{max} = \sigma_{max} \cdot F$$

und bei $F = 1$ m²/s wird der größte Strom

$$I_{max} = 26,5 \, \mu A.$$

Beispiel: Ein Generator besitze 2 Bänder von je 20 cm Breite; sie laufen mit einer Bandgeschwindigkeit von je 20 m/s. Der maximale Strom wird:

$$I_{max} = 2 \cdot 2,65 \cdot 10^{-9} \text{ As/cm}^2 \cdot 20 \text{ cm} \cdot 2000 \text{ cm/s}$$
$$I_{max} = 212 \, \mu A.$$

Den wirklichen Strom, der sich bei späteren Betrieb einstellt, erhalten wir durch Multiplikation mit $\varkappa$ ($\varkappa = 0,55$). Danach wird $I_w = 14,6 \, \mu A$ bei $F = 1$ m²/s.

Die zu erwartende Stromausbeute ist ersichtlich gering; man hat deshalb auf Mittel gesonnen, diese zu vergrößern. Ein solches Mittel, das zur Beladung des Bandes gehört, soll hier besprochen werden. Das Band, das im Hochspannungskörper seine Ladung abgegeben hat, verläßt ihn leer und läuft unbenutzt der Beladungsstelle wieder zu. Die eine Bandhälfte ist deshalb an dem Aufladeprozeß der Elektrode gänzlich unbeteiligt. Man hat nun, um dieses zu vermeiden, das Band beim Austritt aus der Elektrode mit einer Ladung von entgegengesetztem Vorzeichen wie die Elektrode versehen; und zwar ist diese Beladung mit der gleichen Belegungsdichte möglich, wie diejenige, die man dem in die Elektrode einlaufenden Band gegeben hat. Indem man von der Elektrode die gleich große Elektrizitätsmenge entgegengesetzten Vorzeichens wegschafft, wird der Strom doppelt so hoch als ohne diese Maßnahme. Unsere Stromformel Gleichung (88) ändert sich demnach um in:

$$I_{max} = 2 \cdot \sigma_{max} \cdot v \cdot b$$
und
$$I_{max} = 2 \cdot \sigma_{max} \cdot F \qquad\qquad \ldots \ldots \ldots \ldots \quad (89)$$

Um den wirklichen Strom zu erhalten, müssen wir wieder mit $\varkappa$ multiplizieren und bekommen $I_w = 30 \, \mu A$ bei $F = 1$ m²/s.

Um dieses Neubeladen des Bandes beim Austritt aus der Elektrode zu bewerkstelligen, muß an der Stelle eine Beladungsanlage, also ein System Spitze-Platte vorhanden sein und eine Spannung an diesem System liegen. Sie kann z. B. erzeugt werden durch einen vom Band selbst angetriebenen Wechselstromgenerator mit angeschlossenem Gleichrichtersatz; man spricht in dem Falle, wenn auch schon der untere Teil des Bandes durch Fremderregung gespeist wird, von »doppelter Fremderregung«.

25. Einfache Kennlinien.

a) Drehzahlkennlinie $I = f(n)$. Entsprechend der Stromformel haben wir ein der Flächengeschwindigkeit proportionales Anwachsen des Stromes zu erwarten. Dieses Verhalten kommt in den Drehzahlkennlinien zum Ausdruck [6]. Bild 75 zeigt für verschiedene Belastungswiderstände R den der Hochspannungselektrode entnommenen Strom I in Abhängigkeit von der minutlichen Drehzahl n aufgetragen. Es erfolgt in allen drei Fällen ein geradliniger Anstieg des Stromes mit der Drehzahl der Antriebsrolle. Ein leichtes Abbiegen der Kurven am oberen Ende erklärt sich aus einem in diesem Zeitpunkte einsetzenden Gleiten des Transportbandes gegen die Antriebsrolle. Die Kurve $R = 0$ stellt die Kurzschlußcharakteristik des Generators dar. Für die anderen Kurven läßt sich die dazugehörige Spannung leicht durch Multiplikation des jeweiligen Stromes mit dem betreffenden Widerstand ausrechnen. Außerdem sieht man noch ein weiteres aus den Kurven. Den größer werdenden Widerständen entsprechen bei gleichen Abszissen-

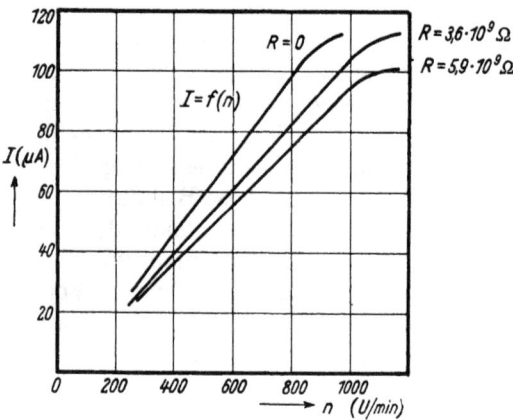

Bild 75. Drehzahlkennlinie $I = f(n)$ eines Bandgenerators.

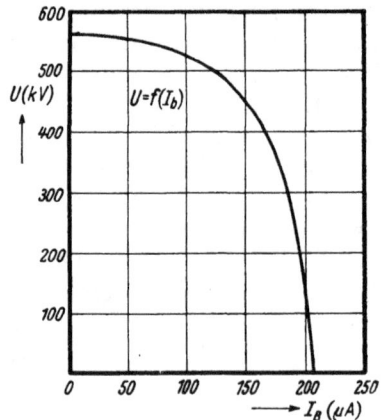

Bild 76. Belastungskennlinie $U = f(I_b)$ eines Bandgenerators.

werten höhere Spannungen. Im gleichen Maße aber — wie man aus dem radialen Auseinanderlaufen der Kurven schließen kann — nehmen die Verluste durch Strahlung und Ableitung zu; denn die Stromausbeute geht zurück.

b) Belastungskennlinie $U = f(I_b)$ [7]. Bild 76 zeigt bei konstanter Drehzahl die Spannung in Abhängigkeit vom Belastungsstrom einer allerdings recht stromschwachen Maschine. Der Kurzschlußstrom beträgt 210 μA. Zunächst ist der Stromrückgang bei steigender Spannung gering (der gewöhnliche Arbeitspunkt dieser Maschine liegt bei 400 kV/170 μA); dann aber nähert sich die Kurve der Grenzspannung, deren Wert dicht über 500 kV liegt, d. h. auch bei weiterer Stromentnahmeverminderung tritt kaum ein weiterer Spannungsanstieg ein.

c) **Erregerkennlinie** $I_L = f(U_e)$ [8]. Diese wird durch das nächste Bild 77 dargestellt. Hier ist der Ladestrom in Abhängigkeit von der Erregerspannung aufgetragen. Zunächst steigt der Strom geradlinig mit der Erregerspannung an, entsprechend einer zunehmenden Beladungsdichte auf dem Band. Nachdem jedoch σ_{max} erreicht ist, tritt keine weitere Steigerung des Stromes auf.

Die drei Kennlinien sind an verschiedenen Maschinen durch Versuch gefunden. Kennt man dieselben bei einem Generator, so ist sein Verhalten im Betrieb bei Maschinen offener Bauart unter Atmosphärendruck und einem Feuchtigkeitsgehalt von weniger als 50 % vollkommen beschrieben.

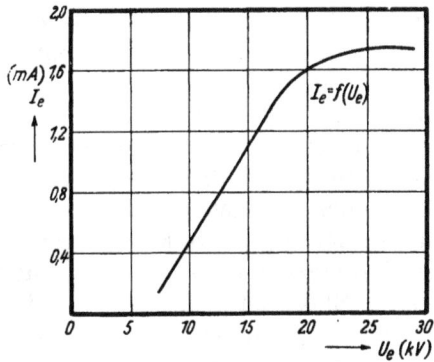

Bild 77. Erregerkennlinie $I_L = f(U_e)$ eines Bandgenerators.

26. Hauptfeldmaschine.

Wie bei den elektrostatischen Scheibenmaschinen gibt es auch bei den Bandgeneratoren Hauptfeldmaschinen. Bei ihnen ist Vorbedingung, daß zwei ineinandergeschachtelte gegenläufig bewegte Bänder vorhan-

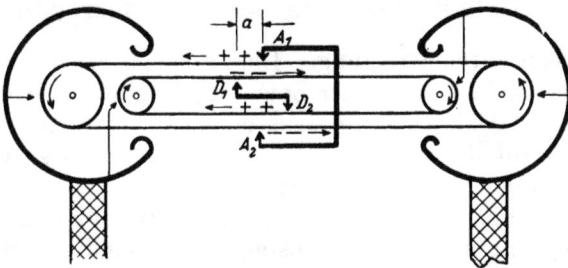

Bild 78. Schema einer Hauptfeldmaschine.

den sind (Bild 78). An den beiden Enden der Bandtriebe sind die Hochspannungselektroden auf Isolierstützen angebracht. Die elektrische Schaltung und Wirkungsweise entspricht vollkommen dem Schema der selbsterregten Scheibeninfluenzmaschine; man braucht, um dieses zu zeigen, die Bänder nur auf Kreisumfängen abzuwickeln und gelangt unmittelbar zu Bild 59. Ein Unterschied zu den Scheibenmaschinen besteht jedoch. Die Bänder brauchen nicht mit Metallsegmenten belegt zu sein; allerdings erregt sich dann die Bandmaschine nicht selbsttätig, sondern muß anfänglich durch Schleifenlassen eines Tuches oder der Hand auf dem äußeren Band erregt werden, wodurch wieder die Unbestimmtheit der Polung vergrößert wird. Das Anbringen von Metalllamellen, die das Arbeiten der Maschine an sich verbessern würden, ist wegen der Beanspruchung bei der Umlenkung an den Rollen unmöglich.

Das obere, äußere Band hat durch den Abnehmer A_1 eine kleine positive Menge erhalten und transportiert dieselbe auf den Hochspannungskörper H_1. Auf seinem Wege dorthin influenziert es auf dem darunter liegenden, in entgegengesetzter Richtung laufenden Band negative Elektrizität und drückt die Influenzelektrizität zweiter Art über den Abnehmer D_1 nach D_2. Das an D_2 vorbeigleitende Band befördert die aufgebrachte positive Menge ebenfalls nach H_1. Auf seinem Wege dorthin influenziert diese Menge auf dem darunter liegenden äußeren Band wieder Elektrizitätsmengen, von denen die positive über den Abnehmer A_2 nach A_1 geleitet wird und dort zur Vermehrung des Erregungsvorganges dient, während der negative Anteil auf dem Bandteil verbleibt und auf den Hochspannungskörper H_2 gelangt.

Betriebsdaten oder -kurven dieser Maschine, die in einer USA-Patentschrift veröffentlicht ist [9], fehlen; es sind jedoch die gleichen zu erwarten, die bei der selbsterregten Influenzmaschine gefunden wurden. Wird die Strecke groß gemacht, so erregt sich die Maschine besser, als wenn a klein ist. Bei zu großem a wird die Isolationsstrecke zwischen den Konduktoren sehr verringert, so daß die Gefahr von Funkenüberschlägen besteht.

27. Beladungssystem bei Fremderregung.

a) Einfache Fremderregung. Das Schema einer solchen ist in Bild 79 wiedergegeben. Aus einer Spannungsquelle mit regelbarer Spannung von etwa 20 kV (die z. B. aus einem Gleichrichtersatz bestehen kann) werden auf dem unteren Ende des Bandes positive Ladungen aufgesprüht und nach oben transportiert. In dem Hochspannungskörper sitzt nun eine Umladungsvorrichtung U, die die ankommende positive Ladung dazu benutzt, auf dem absteigenden Band die gleiche Menge entgegengesetzter (also negativer) Ladung zu influenzieren, die von der Elektrode weggeschafft wird, so daß die auf die Elektrode zufließende positive Ladung verdoppelt wird. Die ankommende positive Ladung wird über die Spitze des Umladers U und die Sprühstrecke s der Hochspannungselektrode H zugeführt. Vermittels s behält aber die flache

Elektrode von U eine Spannung gegen die mit H direkt verbundene Spitze e, so daß an dieser Stelle ein Besprühen des Bandes mit negativer Ladung in Gang gebracht wird. Dort entsteht die Influenzladung zu der auf U herrschenden positiven Ladung.

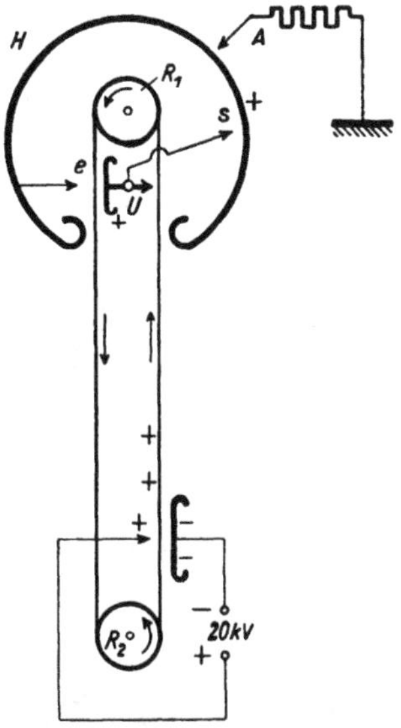

b) Verbesserte Beladung. Eine wesentliche Frage beim Betrieb des Generators ist die Spannungsregelung bzw. die Spannungskonstanthaltung bei eintretender Laständerung. Die einfachste Art einer solchen Regelung ist durch die Gegenüberstellung einer Ableitungssprühspitze A (Bild 79) gegeben, wobei ein Glimmstrom von der Spitze über einen Ohmschen Widerstand zur Erde abfließt. Tritt eine Lastverkleinerung ein, so würde die Spannung steigen wollen. Jedoch übernimmt die Glimmstrecke, wenn die Spannung geringfügig gestiegen ist, einen Teil des ausgefallenen Laststromes; daher bleibt die Spannungssteigerung unbedeutend. Für positive Aufladung pflegt eine solche Anordnung befriedigend zu arbeiten und die Spannung

Bild 79. Schaltung einfacher Fremderregung mit Umladevorrichtung U, um das von der Elektrode H weglaufende Band durch eine Spannung zwischen Umlader U und Spitze e mit Ladung entgegengesetzten Vorzeichens zu versehen.

auf einige 5% konstant zu halten. Bei negativ geladener Elektrode treten im allgemeinen beharrlich Funkenüberschläge zwischen Elektrode und Glimmspitze auf und verhindern auf diese Art eine Regelung.

Andererseits kann die Spannung dadurch geregelt werden, daß man die Stromlieferung durch das Band ändert. Hierbei stehen zwei Wege offen. Einmal kann die Bandgeschwindigkeit geändert werden und zum zweiten ist es möglich, die Beladungsdichte auf dem Band zu ändern. Der erste Weg kommt normalerweise nicht in Betracht, da die Regelzeit zu groß wird. Der zweite ist der fast ausschließlich beschrittene. Hierbei kann die Regelung von Hand oder besser von einer Automatik vorgenommen werden, die z. B. so arbeitet, daß durch die Anzeige eines Rotations- oder Schwingvoltmeter die Erregerspannung über einen Röhrenregler (vgl. Kapitel 36) gesteuert wird. Diese ideale Regelart ist von verschiedenen Faktoren begleitet, die das Schema der Regelung komplizieren. Wird die Ladungsdichte auf den Bändern unter die normale Sättigung geschwächt, so fällt der Ladestrom und auch die Elektrodenspannung in der erwarteten Weise; es treten mit der Frequenz der Bandumläufe jedoch heftige Schwankungen des Ladestromes auf. Sie werden erzeugt durch elektrische Unregelmäßigkeiten im Band, z. B. durch eine Bandnaht (wenn kein endlos gearbeitetes Band benutzt wird). Die Wirkung erfährt eine Verstärkung durch starke

Spannungsschwankungen zwischen der Umladevorrichtung und der Hochspannungselektrode, also zwischen der Spitze e und der flachen Elektrode von U. Die Schwankungen des Ladestromes erklären sich zwangsläufig aus der Stromspannungscharakteristik der dort zur Beladung verwendeten Glimmstrecken. Bild 80a und b zeigt Stromspannungskurven einer Sprühstrecke, die gebildet ist aus einem Metallzylinder von 15 cm Dmr. und einem Sprühdraht von 0,075 mm Dmr. bzw. Sprühspitzen (Grammophonnadeln) nach dem Schaltschema des Bildes 81, wobei die Strecke s und der Ohmsche Widerstand r veränderlich sind.

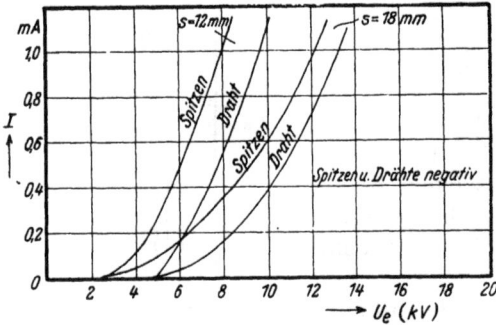

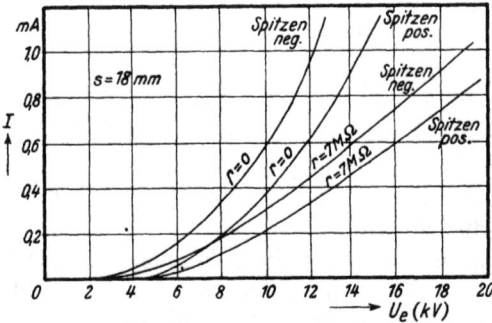

Bild 80a u. b. Strom-Spannungs-Charakteristiken für Sprühspitzen und Sprühdrähte für verschiedene Werte von s und r der Schaltung Bild 81.

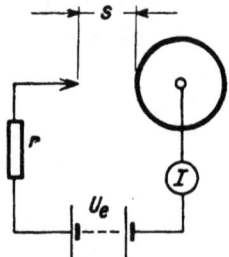

Bild 81. Schaltung zur Aufnahme der Strom-Spannungscharakterisierung von Bild 80.

Ist $r = 0$, dann ist der Kurvenverlauf gegeben durch die Peeksche Gleichung

$$I = k\,(V - V_0)^2,$$

wenn $V - V_0$ die Potentialdifferenz an der Strecke s ist. Die Kurven des Bildes 80a bestätigen diese Annahme; die Kurven des Bildes 80b enthalten eine bemerkenswerte Verbesserung zur Regelung der Belegungsdichte durch Hinzufügen des Ohmschen Widerstandes r. Sie werden fast geradlinig und dieses um so besser, je größer das Verhältnis vom Ohmschen zum Nichtohmschen Widerstand im Stromkreis ist. Werden nunmehr in unserem Beladungsstromkreis derartige Widerstände eingeschaltet, so wird sich eine saubere Regelung der Belegungsdichte auf dem Band erzielen lassen.

Durch die gleichmäßige Regelung der Dichte vermindern sich natürlich die Spannungsschwankungen zwischen Umlader U und der Hochspannungselektrode H bereits wesentlich. Aber noch der besondere

Umstand, daß die Spannung dort durch die Sprühstrecke s nach oben begrenzt ist, ruft an dieser Stelle Spannungsschwankungen hervor, wie aus den Kurven des Bildes 80a hervorgeht. Selbst eine starke Erregerglimmstromerhöhung bringt nur geringe Erregerspannungserhöhung mit sich. Um diesen Umstand richtig zu verstehen, müssen wir uns folgendes überlegen: die Ladungsdichte des ankommenden und des weglaufenden Bandstückes müssen gleich sein, damit wir 1. maximalen Strom vom Band erhalten und 2. Koronaverluste, die von den ungebundenen Ladungen der stärker geladenen Bandhälfte herrühren, vermeiden. Daher muß die Spannung an der Sprühstrecke s auf einem solchen Wert gehalten werden, daß der durch das absteigende Bandstück weggeschaffte Strom in einem großen Bereich angenähert dem gleich groß ist, der durch das aufsteigende geliefert wird. Solches ist aber durch Kennlinien des Bildes 80a nicht möglich. Deshalb müssen wir auch an dieser Stelle einen Ohmschen Widerstand anbringen. Wir haben in dem nächsten Bild 82 eine Schaltung mit einem zweifachen Bandtrieb, bei dem dieser Umstand entsprechend durch einen besonderen Spannungskontrollnebenschluß berücksichtigt ist. In dem Bild sind die Metallrollen, über welche die Bänder laufen, gemeinsam auf einen Metallrahmen, mit dem sie elektrisch verbunden sind, gesetzt. Dieser hat eine Spannung gegen die Hochspannungselektrode, die durch die verschiedenen Sprühstrecken und Ohmschen Widerstände bedingt ist.

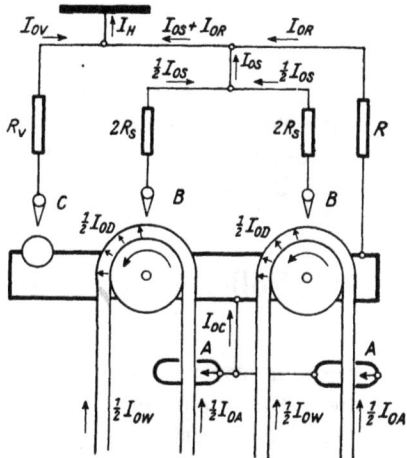

Bild 82. Schaltung eines 2fachen Bandtriebes mit Stromverläufen.

Die Sprühspitzen der Abnehmer A, die mit dem — sie gegen Fremdfeldeinflüsse schützenden — Blechzylinder elektrisch verbunden sind, nehmen den ankommenden Bändern die Ladung ab und geben sie weiter an den Rahmen. Die Neubeladung des weglaufenden Bandes erfolgt durch die Bandsprühkämme B vermittels der Potentialdifferenz, die zwischen ihnen und den Rollen herrscht. Diese Potentialdifferenz richtet sich nach der Einstellung der Sprühstrecken und der Wahl der Widerstände, die im umgekehrten Verhältnis zu ihren Strömen stehen müssen. Außerdem ist noch der Spannungskontrollkamm C vorhanden, und zwar aus folgendem Grunde: Der Widerstand R (200 MΩ) ist nur ein Schutzwiderstand; er sei deshalb sehr groß gegen die anderen und der Strom I_{OR} (Strom oben) durch ihn gegen die anderen Ströme immer vernachlässigbar klein. Ebenso seien die Rücklaufströme I_{OL} an dem halben Rollenumfang, wo das Band entgegengesetzt aufgeladen ist, vernachlässigbar klein; eine Annahme, die zutrifft, sofern das Band nicht bei vollkommener Sättigung arbeitet. Nun nehmen die Abnehmer A nicht dem gesamten Strom vom Band ab, sondern erfahrungsgemäß nur etwa $^2/_3$. Die Neutralisierung der Rückstandsladung müssen die Bandsprühkämme B zusätzlich zu ihrem Sprühstrom von entgegengesetztem Aufladesinn übernehmen. Bezeichnen wir den Strom, den die beiden ankommenden Bänder anbringen, mit I_{OA} (Strom oben ankommend), den Strom, den die Bänder wegführen mit I_{OW} — beide sollen gleich groß sein —, dann führen die Abnehmer B 1. den Strom I_{OW} und 2. $^1/_3$ von Strom I_{OA}. Der Spannungskontrollsprühkamm muß also $^2/_3$ von Strom I_{OA} zur Beförderung vom oberen Rahmen zur Hochspannungselektrode übernehmen. Hieraus folgt, daß die Widerstände der Sprühstrecken sich aus der Bedingung ergeben

$$\frac{R_v + r_v}{R_s + r_s} = \frac{I_s}{I_v} \cong \frac{4/3}{2/3} \cong 2 \qquad . \quad (90)$$

wobei R_v, r_v und I_v den Ohmschen Widerstand, den nichtlinearen Sprühstreckenwiderstand und den Sprühstrom am Spannungskontrollsprühkamm C und R_s, r_s und I_s die entsprechenden Größen der kombinierten Bandsprühstrecken B bedeuten. Das Verhältnis ist jedoch nicht kritisch.

28. Vollständige Schaltung einfacher und doppelter Fremderregung.

Die im vorangegangenen Kapitel geschilderten Änderungen sind in einem Bandbeladungssystem eingebaut, das in vollständiger Form in Bild 83a dargestellt ist. Die Längen der Bandsprühstrecken B betragen 12 mm und die Ohmschen Widerstände 7 MΩ. Der Spannungskontrollkamm C hat die halbe Länge der anderen Sprühkämme bei gleicher Sprühstreckenlänge und dem halben Ohmschen Widerstand. Die Entfernung der Abnehmerspitzen A vom Band beträgt 6 mm. Wir nehmen an, daß z. B. Sättigungsbeladungsdichte am aufwärtslaufenden Band durch Entladungen an dem Punkt, wo die Bänder die unteren Rollen verlassen, angezeigt, aber nicht begleitet wird von Sättigung an dem abwärtslaufenden Band. Die Sprühstrecke des Kontrollkammes wird deshalb stärker arbeiten. Die obere Rahmenspannung steigt und der Strom auf dem weglaufenden Band wird vergrößert, bis an der Stelle, wo die Bänder die obere Rolle verlassen, Entladungen erscheinen und nun auf den weglaufenden Bändern Sättigung anzeigen. Wegen der Gleichartigkeit der Kennlinien des Kontrollkammes und der Bandsprühkämme wird auf den ankommenden und dem weglaufenden Band die Ladungsdichte für einen großen Wertebereich annähernd gleich sein. Wir wollen nun alle in Betracht kommenden Ströme, aus denen sich

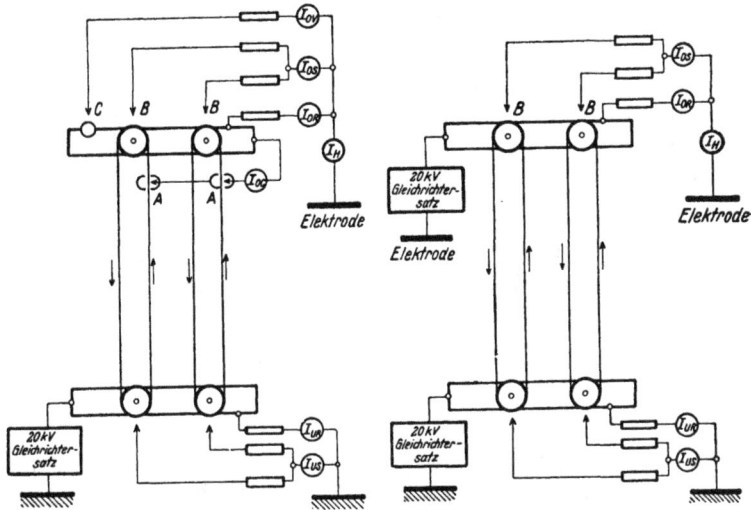

Bild 83a u. b. Vollständiges Schaltbild einfacher und doppelter Fremderregung.

der gesamte zur Hochspannungselektrode fließende Strom zusammensetzt, in einer Gleichung unter Verwendung der folgenden, auch in den Bildern 82 und 83 auftretenden Symbole zusammenfassen.

I_H = gesamter zur Hochspannungselektrode fließender Strom,

I_{OA} = Strom, der durch die ankommenden Bänder oben abgegeben wird,

I_{OW} = Strom, der von den weglaufenden Bändern oben abgegeben wird,

I_{OC} = Strom über die oberen Kollektoren A,

I_{OS} = Strom über die oberen Bandsprühkämme B,

I_{OV} = Strom über den oberen Spannungskontrollkamm C,

I_{OD} = Verluststrom, der an den oberen Rollen durch die Bänder entschlüpft,

I_{OR} = Strom durch den Widerstand R oben,

I_{US} = Strom über die unteren Bandsprühkämme,

I_{UR} = Verluststrom, der über die unteren Rollen durch die Bänder entschlüpft.

Es wird dann:

$$\left.\begin{array}{l} I_H = I_{OA} + I_{OW} = I_{OS} + I_{OV} + I_{OR} \\ = I_{OS} + I_{OC} - I_{OD} = I_{US} - I_{UR} \end{array}\right\} \quad \ldots \ldots \quad (91)$$

Gewöhnlich ist I_{OR} klein gegen die anderen Ströme. Ebenso sind die Ströme I_{OD} und I_{UD} mit Ausnahme des Sättigungszustandes klein gegen die anderen. Daher wird angenähert

$$I_H = I_{OA} + I_{OW} = I_{OS} + I_{OV} = I_{OS} + I_{OC} = I_{US} \ldots \quad (92)$$

6*

Diese Beziehungen geben eine kurze Beschreibung des Arbeitens, das bei so sorgfältiger Ausführung des Beladungssystems zur vollsten Zufriedenheit ausfällt.

Wie wir gesehen haben, unterliegt die Erregung an dem oberen Beladungssystem gewissen Komplikationen und Schwierigkeiten der Justierung. Sie können vermieden werden, wenn eine unabhängige Spannungsquelle zur Erregung in der Elektrode benutzt wird, wie es schematisch das Bild 83b zeigt. Eine solche Schaltung liefert naturgemäß Ströme von noch geringerer Schwankung gegenüber einer Einfacherregung. Es brauchen auch die Erregerspannungen nicht gleich zu sein, ausgenommen bei sehr kleinen Beladungsdichten. Die Ströme können gesteuert werden durch Änderung jeder Erregerspannung einzeln. Die obere Erregerspannung kann durch Drehzahlregelung über einen Sonderriemenantrieb von unten verändert

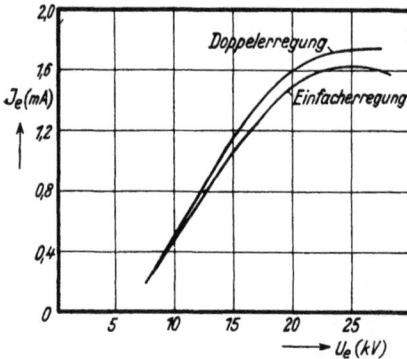

Bild 84. Erregerstrom in Abhängigkeit von der Erregerspannung bei doppelter und einfacher Fremderregung.

werden. Das Bild 84 zeigt den Ladestrom in Abhängigkeit der Erregerspannung bei Einfach- und Doppelerregung, wobei ersichtlich wird, daß bei Doppelerregung etwas mehr Ladestrom geliefert wird.

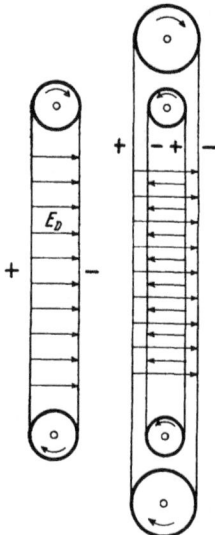

Bild 85a—b. Schaltung für übernormale Belegungsdichte.

29. Schaltung für übernormale Belegungsdichte bei Fremderregung.

In Kapitel 24 wurde abgeleitet, daß jede Bandseite eines Isolierstoffbandes mit einer Dichte von $\sigma_{max} = \varepsilon_0 \cdot E_D$ belegt werden kann. Die Durchbruchfeldstärke E_D bildet die Begrenzung für die Belegungsdichte. Betrachten wir das Bild 85a, so sehen wir, daß sowohl das positiv aufwärts laufende Band, als auch das negativ abwärts laufende mit dieser Dichte $\varepsilon_0 \cdot E_D$ versehen sein kann, wenn das Feld zwischen ihnen den Wert E_D erreicht. Sehen wir uns nun den Doppelbandtrieb des Bildes 85b an. Das äußere Band möge auf der aufwärts und der abwärts laufenden Bandhälfte je die Belegungsdichte σ_{max} haben, so daß das von ihnen herrührende Feld E_D beträgt. Das innere Band hat zu dem äußeren entgegengesetzten Drehsinn; das Feld zwischen den beiden Bandhälften wird deshalb kompensiert durch das Feld der äußeren Bandhälften. Es bestünde dann zwischen den inneren Bändern ein feldfreier Raum. Nunmehr kann aber die Beladungsdichte des inneren Bandes so weit gesteigert werden, daß das Feld in dem Innenraum auch E_D beträgt. Dieser Zustand ist erreicht, wenn die Belegungsdichte auf jeder der beiden inneren Bandhälften den Wert $2\,\sigma_{max}$ hat. Tatsächlich sind z. B. für einen dreifachen Bandtrieb dieser Art für das äußere Band $0,74\,\sigma_{max}$, für das mittlere $1,24\,\sigma_{max}$ und für das innere $0,97\,\sigma_{max}$ erreicht worden, obwohl ein normales $\varkappa$ nur 0,55 beträgt.

30. Selbsterregte Beladung.

a) Zufällige Selbsterregung ist eine Form der Selbsterregung, die bei fast allen Schaltungen der Generatoren möglich ist. Sie besteht 1. darin, daß die Maschinen ohne jede Fremderregung anläuft und es einer zufällig vorhandenen geringen Anfangsladung auf den Bändern überlassen ist, die Erregung der Maschine in Gang zu bringen; oder daß 2. nach anfänglicher Erregung aus einer Spannungsquelle diese abgeschaltet wird und hernach die Maschine selbsterregend weiterläuft. Hierbei ist es nach der ersten Methode ausgeschlossen, eine bestimmte Polarität der Hochspannungselektrode zu erzeugen. Bei jedem neuen Anlauf der Maschine ist es zweifelhaft, mit welchem Vorzeichen sie sich erregen wird. Andrerseits, wenn eine bestimmte Polarität gewünscht wird, muß zu einer anfänglichen Fremderregung zurückgegriffen werden, wodurch die Anlage doch wieder mit einem Gleichrichtersatz von einigen 10 kV ausgerüstet sein muß.

b) Selbsterregung durch Erregerrollen. Die Mängel der oben geschilderten Selbsterregungsart können vermieden werden durch die Verwendung sog. »Erregerrollen«. Unter diesen wollen wir Laufrollen aus Dielektrikum verstehen, über die die Bänder laufen. Bei dem Prozeß der Berührung und Trennung zwischen Band und Erregerrolle entsteht sog. Reibelektrizität, die dazu benutzt wird, den Influenzierungsvorgang einzuleiten. Wie wir gesehen haben, ist die erstrebenswerte Form eines elektristatischen Generators der Nebenfeldtyp. Wir müssen also unser Erreger-(Neben-)feld an eine Stelle des Generators setzen, wo es der Wirkung des Hauptfeldes (also einer Störung durch dasselbe) entzogen ist. Der einzig dafür in Betracht kommende Ort ist das Innere der Hochspannungselektrode selbst. Nach im Teil I Gesagtem ist der Potentialgradient im Innern einer Hohlkugel Null; das Potential selbst ist konstant. Im Innern der Elektrode sind keine Feldlinien des Hauptfeldes vorhanden. Hier kann also der Erregungsvorgang ungestört vor sich gehen; vom Verbraucherkreis her ist keine Beeinflussung zu erwarten. Für die gewünschte Polarität ist es wichtig, zu wissen, welcher der beiden Teile — das Band oder die Erregerrolle —

die größere bzw. kleinere Dielektrizitätskonstante besitzt, da nach der Coehnschen Ladungsregel die Körper mit größerer DK sich positiv aufladen.

Betrachten wir nun zunächst das Bild 86. Hier soll z. B. die Erregerrolle R_0 aus Zelluloid bestehen, während das Bandmaterial Gummi ist. Nach Berührung und Trennung der beiden Teile lädt sich die Rolle negativ auf und das ablaufende Bandstück hat einen Überschuß an positiver Ladung, der durch die unteren Metallrollen R_U zur Erde abgeführt wird. Auf seinem Wege influenziert das ablaufende Bandstück auf dem auflaufenden Band Ladungen, von denen der positive Anteil über den unteren Abnehmer A_U zur Erde abfließen kann, während der negative von dem Bandstück nach oben transportiert wird. Dort wird er von dem oberen Abnehmer A_0 abgenommen.

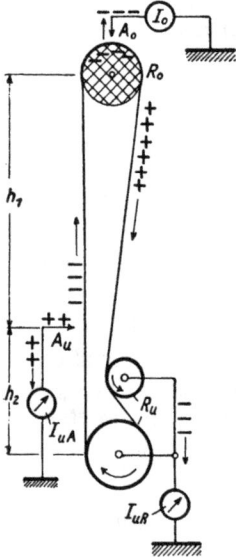

Bild 86. Selbsterregungsschaltung mit Erregerrolle R_0.

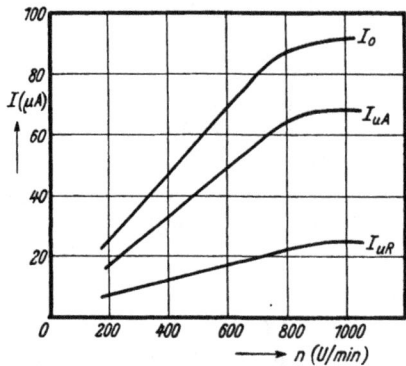

Bild 87. Stromverläufe der bei Selbsterregung mit Erregerrolle in den Abnehmern auftretenden Ströme (Bild 85).

Weiterhin hat aber die Rolle R_0 ein negatives Potential gegen die Spitze A_0, so daß über sie gleichzeitig ein Besprühen des über der Rolle liegenden Bandes mit positiver Ladung eintritt. Hier übernimmt also der Abnehmer A_0 die beiden Funktionen des Abnehmens der ankommenden Ladung und des Besprühens mit entgegengesetzter Ladung, eine Funktion, die bei dem fremderregten System Bandsprühkämme, Abnehmer und Spannungskontrollkämme gemeinsam übernommen haben. Da das Erregerfeld unabhängig vom Hauptfeld der Hochspannungselektrode bestehen kann, ist sein Vorhandensein zur Untersuchung des ersteren nicht nötig; man kann es, wie das Bild 86 zeigt, ganz weglassen, oder aber direkt über das Anzeigegerät mit der Erde verbinden. Mißt man die drei Ströme der Schaltung und trägt sie über der Bandgeschwindigkeit oder, was dasselbe ist, über der minutlichen Drehzahl der Antriebsrolle auf, so erhält man die Stromverläufe des Bildes 87. Alle drei Ströme nehmen erwartungsgemäß geradlinig mit steigender Drehzahl zu. Sie biegen am Ende um, ein Verhalten, das sich aus dem bei höherer Drehzahl eintretenden Gleiten des Bandes auf der Antriebrolle erklären läßt. Seitliche Verluste der transportierten Ladungen, die durch Wegsprühen von den Rändern des Bandes eintreten könnten, treten nicht ein, da die Summe der unteren Ströme I_{us} und I_{uR} immer gleich dem Strom I_0 oben ist. Wir ersehen daraus weiter, daß der Strom, der durch die Reibung entsteht, während des Laufes keinen Beitrag mehr zu dem entnehmbaren Strom I_0 liefert. Die Erregerrolle dient also nur zur Erregung und zur Erhaltung der Polarität während des Laufes.

Man kann nun in Bild 86 das Verhältnis der Höhen h_1 zu h_2 ändern. Man findet dabei, daß bei kleiner werdendem h_1 und entsprechend wachsendem h_2 der Strom erst stark, dann weniger rasch ansteigt. Jedoch darf die Strecke h_1 nicht zu klein gemacht werden, da bei vorhandener Hochspannungselektrode sonst die Gefahr des Funkenüberschlages von ihr zum Abnehmer A_u besteht.

Ein Umstand beim Lauf eines solchen Beladungssystems ist noch bemerkenswert. Die beiden Bandhälften sind mit entgegengesetzter Polarität aufgeladen; sie ziehen sich also an. Hierbei ist es günstig, die Bandhälften ihrem elektrostatischen Anziehen folgen zu lassen, so daß sie zwar nicht aufeinander gleiten, aber sich wenigstens sehr nahe kommen, weil dadurch der Influenzeffekt wesentlich verstärkt wird. Man kann dem Effekt dadurch Vorschub leisten, daß man an der unteren Antriebrolle eine Spannrolle anbringt, die die Bandhälften schon weitgehendst zusammenbringt, wie es in Bild 86 angedeutet ist. Ein weiterer Vorteil, der sich aus der Geometrie der Anordnung ergibt, ist die Folge. Das Streufeld, das bei weit auseinander liegenden Bandhälften sich unangenehm bemerkbar machen kann, verschwindet fast völlig. Besonderer Wert muß auf eine saubere Oberflächenbeschaffenheit der Erregerrolle gelegt werden. Eine gut polierte Oberfläche verbürgt eine sofortige Erregung und geringen Verschleiß des Bandmaterials.

31. Weitere Selbsterregungsschaltungen.

Bei systematischer Untersuchung der Selbsterregungsmethoden, die eine Erregerrolle benutzen, kann man eine Anzahl von Schaltungen angeben [11]. Sie sind in Bild 88 I bis VI zusammengestellt und stellen in der Reihenfolge von I nach VI Entwicklungsstufen dar. (Metallrollen sind vollschwarz, Isolierstoffrollen durch dünnen Kreis und isolierte Metallrollen durch dick ausgezogenen Kreis gezeichnet.)

Schaltung I ist die einfachste Form einer selbsterregenden Schaltung mit Erregerrolle. Die größte Stromausbeute ergibt sich, wenn die beiden Bandhälften im Mittelteil der elektrostatischen Anziehung folgend, gerade aufeinander gleiten. Als Belegungsdichte auf dem Band wird etwa 40 bis 50% der maximal möglichen Dichte erreicht. ($\varkappa =$ 0,4 bis 0,5.)

Schaltung II ist die, von der wir ausgegangen waren. An ihr wollen wir studieren, wie die Selbsterregung in Gang kommt. Hierzu werden alle Isolierstoffteile der Maschine durch Nähern eines in Glas abgeschmolzenen Ra-Präparates in metallischer, zur Erde abgeleiteten Fassung vollständig entladen. Hernach sehen wir zu (nachdem wir das Band um Bruchteile eines Umlaufes weiterbewegt haben), welche Polarität an den einzelnen Organen, die an der Erregung teilgenommen haben, auftritt. (Z. B. mit Hilfe einer Sprühspitze, die wir mit einem Elektrometer, das eine Aufladung bekannter Polarität hat, verbinden.)

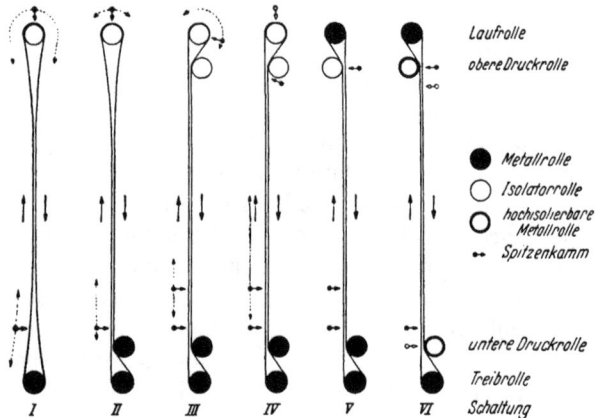

Bild 88. Weitere Selbsterregungsschaltungen in der Reihenfolge nach der Entwicklung.

Nach völliger Entladung der Maschine ziehen wir nun das Gummiband einige Zentimeter über die Erregerrolle, die in unserem Fall aus Zelluloid bestehen soll. Die Erregerrolle erweist sich negativ, das weglaufende Bandstück als positiv geladen. Die untere Druckrolle zeigt positive, das von ihr und der Antriebrolle weglaufende Bandstück negative Ladung. Wird die Bewegung fortgesetzt, bis sich die geladenen Bandflächen etwa in der Mitte gegenüberstehen, so zeigen sich schwache Überschußladungen wechselnden Vorzeichens, die von irgendwelchen Zufälligkeiten abhängen. Erst nach mehr als einem vollen Umlauf setzt ein Besprühen des Bandes durch die Spitzenkämme ein. Und zwar beginnt das Besprühen am oberen Spitzenkamm nach etwa 1½ Umläufen des Bandes; der untere Spitzenkamm setzt in der Regel ½ Umlauf später ein. Nach einigen Umläufen stellt sich ein Gleichgewichtszustand ein (Sättigung), der sich dadurch auszeichnet, daß die Bänder wesentlich stärker geladen sind als vorher und daß im mittleren Teil der Bänder eine positive Überschußladung vorhanden ist, die besagt, daß eine größere Menge positiver Ladung von oben weggeschafft wird, als negative von unten heraufgebracht wird. Dieses ist ein Zeichen dafür, daß oben die Spannung zwischen dem Abnehmer und der Erregerrolle größer ist als die Spannung zwischen dem unteren Abnehmer und seiner Gegenelektrode, dem herankommenden positiv geladenen Band.

Wird die Zelluloiderregerrolle gegen eine Glaserregerrolle vertauscht, so werden zuerst beide, das ablaufende und das auflaufende Band, negativ, während die Glasrolle sich positiv auflädt. Nach einigen Umläufen fängt zuerst wieder der obere Spitzenkamm an zu sprühen, dann der untere. Damit wird das aufsteigende Band positiv. Im Sättigungszustand ist die Überschußladung in der Mitte der Bänder immer negativ; das ablaufende Band also wieder stärker geladen. Die Belegungsdichte nimmt Werte von 60 bis 70% der maximalen Dichte an ($\varkappa = 0,6$ bis 0,7).

Die Schaltungen III und IV, die aus später noch ersichtlichen Gründen ein $\varkappa = 0,8$ bis 0,9 erreichen, neigen zum Umpolen während des Laufes. Die Aufladung spielt sich ähnlich der von Schaltung II ab.

Schaltung V zeigt eine gegen III und IV verbesserte. Als Erregerrolle dient hier die aus Glas oder Zelluloid bestehende obere Spannrolle, während die obere Umlenkrolle aus Metall besteht und mit der Hochspannungselektrode leitend verbunden ist. Die Spannrolle ist auf der auflaufenden Seite des Bandes angebracht und hat die Aufgabe, auch hier oben die Bandhälften zusammenzubringen. Dadurch erhalten wir eine Anordnung, die es gestattet (wie wir im nächsten Kapitel sehen werden), übernormale Belegungsdichte ($\varkappa = 2,5$) zu erreichen. Der Erregungsvorgang ist der gleiche wie bei Schaltung II, wobei hier die Spannrolle als Erregerrolle fungiert; während bei II die Umlenkrolle diese Aufgabe mit übernommen hat.

Die Erregerrolle aus Isolierstoff kann gelegentlich durch eine Rolle aus hochisoliertem Metall ersetzt werden. Vorbedingung für ein vernünftiges Arbeiten einer solchen Rolle ist ihre auf Hochglanz polierte Oberfläche. Da Metall seine freien Elektronen leicht abgibt, bleibt die Rolle positiv geladen zurück.

Schaltung VI stellt eine Weiterentwicklung von V in der Richtung dar, daß vollkommene Symmetrie der Rollenmechanismen hergestellt ist. Hierbei soll erreicht werden, daß durch Isolieren oder durch Verbinden der Metallrollen mit dem Hochspannungskörper bzw. mit der Erde die Polarität der Maschine beliebig eingestellt werden kann. Nähere Erfahrungen mit der Schaltung stehen noch aus.

32. Übernormale Belegungsdichte bei Selbsterregung.

Wir wissen, daß die Belegungsdichte begrenzt ist durch die Durchbruchfeldstärke E_D (30 kV/cm) zwischen den Bändern. Die beiden Bandhälften stellen eine Art Plattenkondensator mit konstanter Ladung dar; die Ladung je cm² ist ebenfalls konstant, nämlich $\varepsilon_0 \cdot E_D$. Die Potentialdifferenz zwischen den Bandhälften ist nach $U = Q/C = Q \cdot d/\varepsilon \varepsilon_0 F$ einfach proportional dem Abstand derselben. Bei einem Bandabstand von $d = 4$ cm würde also bei σ_{max} zwischen dem so gebildeten Plattenkondensator eine Spannung von etwa 120 kV herrschen. Bringt man nun die Bandhälften so weit zusammen, daß der Luftspalt nur $^1/_{10}$ mm beträgt (gleiten) — was man erreicht, wenn man sie nicht nur dem Zug ihrer Anziehung folgen läßt, sondern dieser durch Spannrollen, wie es in Schaltung V geschehen ist, entgegenkommt — dann wird die auf diesen Abstand entfallende Spannung 300 V. Dieses ist aber die Minimalspannung, bei der die kritische Feldstärke nicht mehr zu einem Durchbruch führt (Röntgen). Wir haben jetzt einen »gleitenden Kondensator« vor uns, dessen Plattenabstand — also die Gasstrecke — so klein ist, daß die Spannung zwischen ihnen nicht mehr groß genug ist, einen Durchbruch in der Gasstrecke einzuleiten. Lassen wir nun die Beladung an den Stellen vor sich gehen, wo den oberen und unteren Sprühkämmen das bereits zusammengeführte Band gegenübersteht (Bild 88 III) und kein Luftraum mehr zwischen ihnen ist, so muß dann die Belegungsdichte auf dem Band größer werden, als es bei einer durch $E_D = 30$ kV/cm begrenzten Ladungsdichte möglich ist. In der Tat zeigen die Messungen, daß auf dieser Strecke, wo die Bänder so zusammengeführt sind, Belegungsdichten bis zu dem $2\frac{1}{2}$fachen des in Luft möglichen Wertes ($2{,}65 \cdot 10^{-9}$ Cb/cm²) erhältlich sind, wenn man zu immer kleiner werdenden Abständen der Sprühkämme (Bild 88 IV) übergeht. (Damit wird allerdings die Isolationsstrecke, die zur Erreichung einer hohen Spannung nötig ist, gleichteitig verkleinert). Der neue Vorgang stellt natürlich erhöhte Anforderungen an eine glatte Oberflächenbeschaffenheit und Fehlerfreiheit des Bandes. Jeder unebene sich gegen die Umgebung abhebende Einschluß auf dem Band reduziert auf der ganzen Gleitlänge des Gegenbandes die Belegungsdichte auf den normalen Luftwert. Für diesen Betrieb scheidet also ein Band mit einer Quernaht von vornherein aus. Will man hier einen Grenzwert angeben, den die Dichte annimmt, so kann man mit der Annahme, daß das feste Dielektrikum — also das Band — eine Durchschlagfestigkeit von 150 kV/cm und ein $\varepsilon = 2$ besitzt, leicht überschlagen, daß die Belegungsdichte das Zehnfache des Luftwertes annehmen kann [12].

Leider wächst die Anziehungskraft der beiden Bandhälften aufeinander mit dem Quadrat der Belegungsdichte. Die beiden Bänder neigen dazu, aufeinander kleben zu bleiben. Die erhöhte Flächendichte wird daher stets mit einer Verringerung der Bandgeschwindigkeit bezahlt. Inwieweit daher die an sich bestechende Tatsache einer 10 fachen Dichte praktisch ausgenutzt werden kann, steht noch nicht fest. Allzu große Hoffnungen scheint man aber nicht hegen zu dürfen. Eine Konstruktion mit zwei Spannrollen erscheint zumindest für eine technische Ausnutzung wenig aussichtsreich.

33. Generatoren in Preßgas.

a) Allgemeines. Das Gesetz von Paschen $E_D = k \cdot p$ gibt uns ein Mittel zur besseren Isolation von hochspannungführenden Teilen in die Hand. Anwendungsbeispiele zeigen die bekannten Preßgaskondensatoren für Hochspannung (H. u. B.). Auch die Bandgeneratoren sind in Tanks, die mit Preßgas gefüllt waren, eingebaut worden. Der Erfolg besteht in der Verkürzung der Gas-Isolationsstrecken, und in der damit verbundenen allgemeinen Verkleinerung der Dimensionen. Aber einen weiteren Vorteil kann der Einbau des Generators in ein Preßgasgefäß mit sich bringen. Die Belegungsdichte auf dem Band ist wegen $\sigma_{max} = \varepsilon_0 \cdot E_D$ begrenzt durch die Durchbruchfeldstärke des Mediums, in welchem es läuft. Tritt nun infolge einer Steigerung des Druckes der Luft, welche die Bänder umgibt, eine Vergrößerung von E_D ein, so sollte damit eine entsprechend höhere Belegungsdichte auf den Bändern möglich sein. In der Tat gelingt bei geschickter Konstruktion eine Erhöhung derselben.

Aus diesen Gesichtspunkten heraus ergeben sich in der Hauptsache zwei Konstruktionsgruppen. Bei der einen ist das Ziel die Vergrößerung des Ladestromes, bei der anderen eine bessere Beherrschung der Hochspannung. Man kann noch eine dritte nennen, die beides, nämlich den Strom und die Grenzspannung durch Anwendung von Druckgas steigern möchte. Hierbei ist es gleichgültig, ob es sich um Generatoren mit Fremd- oder mit Selbsterregung handelt. Allerdings ist zu beachten, daß durch Anwendung von Druckgas infolge der erhöhten Durchbruchfeldstärke auch die Sprühfähigkeit der Sprühkämme beeinträchtigt wird. Bei Fremderregung kann die verminderte Sprühfähigkeit durch Erhöhung der Erregerspannung ausgeglichen werden, bei Selbsterregung muß man sich durch konstruktive Maßnahmen behelfen (z. B. Aufsuchen des günstigsten Ortes für die Sprühkämme, Vermehrung ihrer Zahl, Verkleinerung des Abstandes von ihnen zum Band usw.).

b) Druckgasgenerator für erhöhten Strom. Einen solchen zeigt das Bild 89, und zwar einen, der wegen größter Einfachheit der Anlage mit Selbsterregung arbeitet. Hier hat also der Druckkörper nur die Ladefelder und die Transportstrecke zu umfassen, während sich die

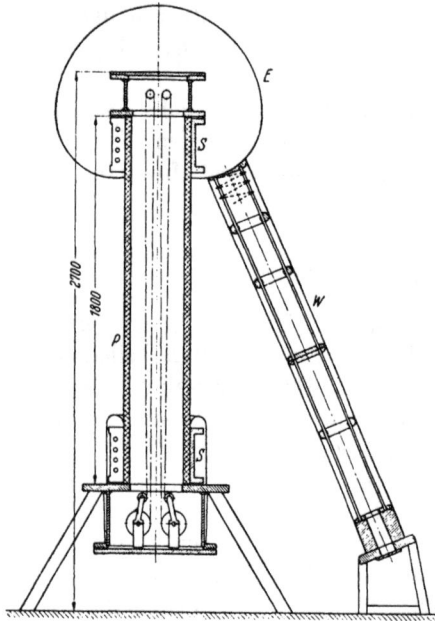

Bild 89. Druckgasgenerator für erhöhten Strom.
E Hochspannungselektrode
W Hochohmwiderstand
P Pertinaxträgersäule
S Stahlflanschen.

für die Hochspannung benötigte äußere Form der Elektrode — um die sich das Hauptfeld ausbildet — in Leichtbauweise außen auf den Druckkörper gesetzt ist. Gleichzeitig kann hier der aus einer Pertinaxsäule P bestehende Druckkörper als Träger der Hochspannungselektrode E benutzt werden. Die vorliegende Bauart stellt also das Einfachste dar, was sich überhaupt denken läßt.

Das Bild 90 gibt die Steigerung des Ladestromes bei wachsendem Gasdruck wieder, und zwar wurden als Füllgase Luft (L), Stickstoff (N_2) und Kohlensäure (CO_2) verwendet, wobei sich die Luft als am geeignetsten erweist. (Diesem Strom entspricht im günstigsten Fall $\sigma = 5,2 \cdot 10^{-9}$ Cb/cm^2; also $\varkappa = 2$.) Für den Gebrauch von Druckgas ist noch ein Umstand zu beachten. Das Gas wird den bekannten Stahlflaschen entnommen. Setzt man den Generator sofort nach dem Füllen in Betrieb, so erreicht er nicht die volle dem Druck entsprechend zu erwartende Stromstärke, sondern nur etwa $^2/_3$ davon. Erst nach etwa 1 h Betriebszeit oder nach Stehenlassen über etwa einen Tag wird der volle Strom erreicht. In Bild 91 ist dieses Verhalten für Stick-

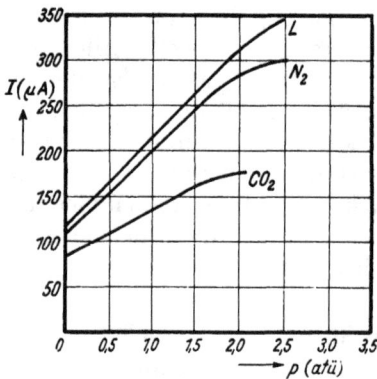

Bild 90. Anstieg des Ladestromes mit dem Gasdruck für Luft L. Stickstoff N_2 und Kohlensäure CO_2.

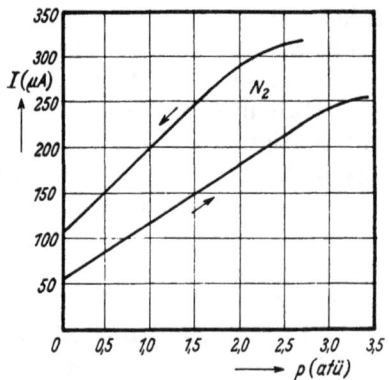

Bild 91. Verhalten frisch eingelassenen und »gealterten« Gases.

stoff dargestellt. Die untere Kurve ist sofort nach Füllung aufgenommen, die obere 24 h später. Die Ursache dafür liegt nach einer Erklärung von Palm in kleinsten Verunreinigungen des Gases, das sich durch die ständige Sprühentladung allmählich selbst reinigt. Ein Filtern oder Trocknen des Gases beim Einlassen hat keinen Einfluß auf seine Güte. Hat jedoch eine Gasfüllung sich einmal »gereinigt«, dann bleibt sie auch dauernd gut und ist keinen Veränderungen mehr unterworfen. Die Bänder laufen in einem gekapselten Raum; die Erregerfelder finden unabhängig von Feuchtigkeit- und Staubeinflüssen immer die gleiche Durchbruchfeldstärke vor und die Stromlieferung ist daher eine von äußeren Klimabedingungen unabhängige.

c) **Druckgasgenerator für erhöhte Spannung.** In Bild 92a bis c ist die Konstruktion eines solchen Generators im Entwicklungsgang

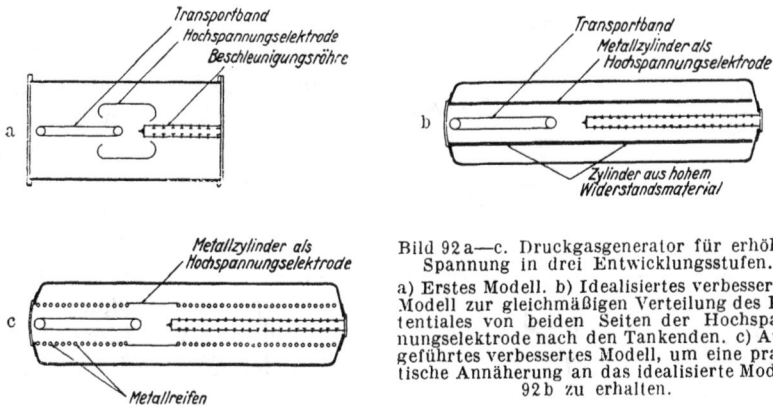

Bild 92a—c. Druckgasgenerator für erhöhte Spannung in drei Entwicklungsstufen.

a) Erstes Modell. b) Idealisiertes verbessertes Modell zur gleichmäßigen Verteilung des Potentiales von beiden Seiten der Hochspannungselektrode nach den Tankenden. c) Ausgeführtes verbessertes Modell, um eine praktische Annäherung an das idealisierte Modell 92b zu erhalten.

dargestellt. (Beschreibung S. 130.) Hier ist der gesamte Generator einschließlich Hochspannungselektrode und Entladungsrohr in einem geerdeten, mit Preßgas gefüllten Stahltank eingebaut. In seiner endgültigen Form Bild 92c besteht der Gesamtaufbau aus zwei konzentrischen Zylindern, von denen der äußere den geerdeten Druckkörper und das Mittelstück des Inneren die Hochspannungselektrode darstellt. Sie ist nach beiden Seiten durch Metallringe gleichen Durchmessers mit nach den Seiten abfallenden, durch Sprühstrecken zwischen ihnen gesteuerten Potentialen verlängert. Man kann die Apparatur ansehen als eine Anordnung zweier unendlich langer Zylinder.

Auf eine Erhöhung der Belegungsdichte σ ist hier nicht abgezielt, da sie nur $2,2 \cdot 10^{-1}$ Cb/cm² beträgt, obwohl der Druck einen Wert von 7 at hat. Die Spannung zwischen den beiden Zylindern von 38 cm und 100 cm Dmr. wird nach Gleichung (83) bei einer größten Feldstärke E von 25 kV/cm in Luft auf dem inneren Zylinder (Hochspannungselektrode) etwa 900 kV. Bei 7 at müßte man nach dem Gesetz von

Paschen den 6fachen Wert erwarten. Die Grenzspannung für den vorliegenden Generator ist mit nur 2,8 MV angegeben. Sie ist aber nicht begrenzt durch Überschläge von dem inneren Hochspannungszylinder zum äußeren geerdeten, sondern durch Gleitfunken längs der Bänder. Leider wird von dem Preßgas die Gleitfunkenspannung längs Isolatorflächen nicht in derselben Weise beeinflußt, wie die Durchbruchspannung. Hier setzt nun das Arbeiten der Metallreifen, die eine Verlängerung des inneren Zylinders nach beiden Seiten bilden, ein. Ihre Wirkung soll im nächsten Kapitel besprochen werden.

34. Potentialausgleich durch Sprühreifen.

Der Potentialabfall von einer Elektrode erfolgt nicht linear, sondern ist in der Nähe der Elektrode stärker als weiter weg von ihr; bei dem Fall einer freischwebenden Kugel im Raum verläuft er nach einer Hyperbel. Dieser Umstand bedingt, daß bei den an die Elektrode anstoßenden Bauteilen eines Generators die Gefahr der Gleitfunkenbildung längs ihnen in der Nähe der Elektrode wesentlich größer ist als weiter weg von ihr. Hier ist das Prinzip einer kaskadenweisen Anordnung von Einzelelektroden, deren Potentiale gesteuert werden, mit Erfolg angewandt worden. In Bild 93a ist eine solche Anordnung schematisch gezeichnet. Hier wird der Hochspannungselektrode HE der Ladestrom durch die Transportmedien zugeführt. Von ihr

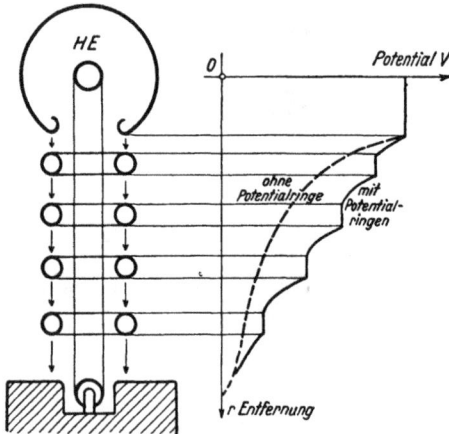

Bild 93. Steuerung des Potentialabfalles von der Hochspannungselektrode zur Erde durch Sprühreifen. a) Schematische Anordnung. b) Potentialverläufe der Anordnung mit und ohne Sprühreifen.

fließt ein Glimmstrom (in Richtung der eingezeichneten Pfeile) von HE über die Ringe zur Erde ab. Die Größe des Glimmstromes ist abhängig vom Potential der Elektrode HE, von den Krümmungsverhältnissen der Potentialringe und den Abständen. Der Glimmstrom macht im allgemeinen einen recht erheblichen Anteil (etwa $^1/_3$) des gesamten Ladestromes aus. Durch den Glimmstrom wird jedem der Potentialringe ein Potential aufgedrückt, das größer ist als dasjenige Potential, welches ohne Ring an dieser Stelle des Raumes herrschen würde (Bild 93b). Hier ist also die umgekehrte Wirkung, wie für den dem Potentialabfall im Raum angeglichenen Ohmschen Widerstand angestrebt. Dort war die Ganghöhe der Widerstandsspirale über ihre Gesamtlänge so abgestuft, so daß der Potentialabfall längs des Widerstandes angeglichen wurde dem, der im Raum herrscht; während hier versucht wird, den Potentialgradient auf der Strecke von der Hochspannungselektrode zur Erde einen möglichst linearen Verlauf zu geben.

Mit diesen Ringen werden Bänder und Entladungsrohr umgeben, um sie nach Möglichkeit vor Gleitfunken zu schützen. Bei den Entladungsrohren gelingt ein Ausgleich des Potentials einwandfrei, da sie aus runden Glas- oder Porzellanrohren bestehen, die von den Potentialringen konzentrisch umgeben werden, und daher das Potential in jedem Horizontalabschnitt rings um das Entladungsrohr konstant ist. Anders bei den Bändern. Auf ihnen müssen wir die Normalkomponente und

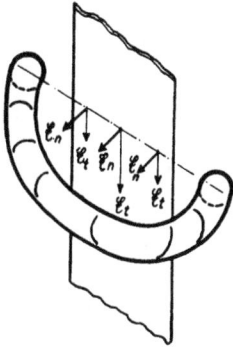

Bild 94. Tangential- und Normalfeldstärke am Transportband im Horizontalschnitt eines Sprühreifens.

Bild 95. Potentialausgleichsröhren, die parallel zu den Bandoberflächen verlaufen.

die Tangentialkomponente der Feldstärke getrennt betrachten. Die Größe der Normalkomponente ist abhängig von Belegungsdichte des Bandes, während die Tangentialkomponente durch den längs des Bandes herrschenden Potentialabfall bestimmt wird. Nun wird der letztere gesteuert durch die Potentialringe. Diese sind aber von den Bandrändern weniger weit entfernt als von der Bandmitte. Die ausgleichende Wirkung wird sich also an den Rändern des Bandes mehr bemerkbar machen als in der Bandmitte (Bild 94). Durch diese Betrachtung der Geometrie der Anordnung gelangen wir zu einer Form der Potentialausgleichsröhren, wie sie das Bild 95 (Beschr. S. 133) zeigt. Durch die beiden schmalen Spalte läuft die aufsteigende und die herabkommende Bandhälfte. Das Totalpotential der Hochspannungselektrode ist unterteilt durch die metallischen Querzylinder, von denen jeder mit den Anzapfungen eines Ohmschen Widerstandes der »Spiral-Type« verbunden ist, der mit seinem einen Ende an der Hochspannungselektrode und mit dem anderen an der Erde liegt. Bei diesem Generator ist der Abstand von der Bandoberfläche zu der vor ihr liegenden Potentialröhre etwa

6 mm. Wenn ein Oberflächengradient von 60 kV/cm erreicht ist, beträgt die Spannung zwischen Band und Potentialröhre in jeder Horizontalebene nur 40 kV. Mit einer solchen Anordnung zum Ausgleich des Potentialgradienten gelingt es, die bei hohen Drücken bis zu 11 at Luft zu erwartenden hohen Flächendichten auf dem Band tatsächlich zu erreichen. Bei einfachen Ringen, die infolge ihrer Krümmung verschieden weit von der Bandoberfläche entfernt sind, wird die Dichte durch Gleitfunken quer zur Laufrichtung des Bandes stets auf einem niedrigeren Wert gehalten, als es bei dem herrschenden Druck an sich möglich wäre.

35. Gebrauch weiterer Füllgase.

Zur Füllung des Preßgastanks sind noch andere Gase als Luft, CO_2 und N_2 verwendet worden, insbesondere solche, die auf der Chlorbasis beruhen. Denn es scheint, als wenn bei den Kohlenwasserstoffgasen mit dem Steigen des Chloratomgehaltes ($CH_4 \rightarrow CH_3Cl \rightarrow CH_2Cl_2 \rightarrow CHCl_3 \rightarrow CCl_4$) auch ein Anwachsen der Durchbruchfeldstärke verbunden ist. Versuche mit Tetrachlorkohlenstoff (CCl_4) und Dichlordifluormethan (CCl_2F_2, Freon) liegen vor.

Man hatte festgestellt, daß bei Anwesenheit von CCl_4-Dämpfen im Versuchsraum die Grenzspannung des Generators um etwa 20% anstieg. Man wandte diesen Kniff dann an, wenn kurzzeitig Spannungsspitzen erzielt werden sollten.

Für Preßgasfüllung der Druckkörper liegen genaue Vergleichsmessungen für Druckluft mit reinem Freon, vor und zwar für Strom und Spannungsanstieg (Bild 96a und b). Es zeigt sich, daß Freon etwa $2\frac{1}{2}$- bis 3mal so gute Werte liefert wie reine Luft. Auch für CCl_4 ist ein ähnliches Verhalten gefunden worden. Jedoch ist der Gebrauch dieses Gases mit unangenehmen Nachwirkungen verbunden. Es scheint, als wenn nach einiger Zeit das CCl_4 die einzelnen Bauteile beschlägt,

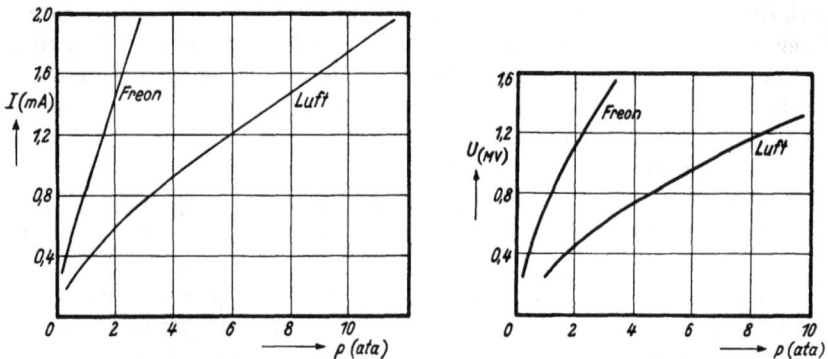

Bild 96a u. b. a) Zunahme des Ladestromes eines Generators bei Druckgasfüllung mit Freon (CCl_2F_2) und Luft. b) Steigerung der Spannung bei Druckgasfüllung mit Freon und Luft.

wodurch die Bänder und sonstige Isolatoren mehr oder weniger gut leitend werden. Die Maschine erreicht dann nur noch Bruchteile ihrer normalen Spannung und Stromstärke. Bei CCl_2F_2 scheint der Effekt in dieser krassen Form nicht aufzutreten. Genaue Erfahrungen hat man noch nicht. Allgemein kann man das Verhalten etwa folgendermaßen beschreiben; bei Gebrauch dieser Gase steigt die Durchbruchfeldstärke, während gleichzeitig die Gleitfunkenspannung sinkt. (Es liegen Fälle vor, wo das CCl_4 direkt einen inneren Kurzschluß verursacht hat.)

36. Spannungskonstanthaltung.

Der Betriebszustand eines Generators ist dadurch gekennzeichnet, daß die herrschende Spannung stets eine Grenzspannung darstellt (vgl. Kap. 23b). Es herrscht ein Gleichgewichtszustand, der dadurch gekennzeichnet ist, daß die Summe aus Nutzstrom und Verlustströmen gleich ist dem durch die Bänder beförderten Ladestrom. Änderungen irgendeines dieser Ströme drückt sich daher sofort in einer entsprechenden Schwankung der Spannung aus. Eine Vergrößerung des Ladestromes bringt einen Spannungsanstieg mit sich; die Vergrößerung eines jeden anderen dieser Ströme veranlaßt ein Absinken der Spannung. Dieses Verhalten bringt den Vorteil einer einfachen stetigen Spannungsregelung in weiten Grenzen mit sich. Durch Nähern einer über einen Widerstand R geerdeten Spitze (Bild 97) zur Hochspannungselektrode HE wird ein künstlicher Verluststrom hervorgerufen, der um so größer wird, je kleiner der Abstand d wird. Damit ist die einfachste Spannungsregelung gegeben. Gleichzeitig liegt in dem Verhalten aber auch ein großer Nachteil. Die geringste Schwankung des Ladestromes wird eine Spannungsschwankung im Gefolge haben. Um dieses zu verhüten sind die Verfahren zur

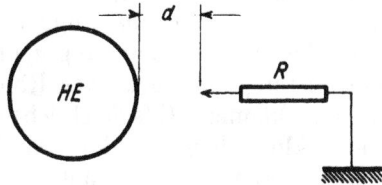

Bild 97. Grobe Spannungskonstanthaltung der Hochspannungselektrode *HE* durch Nähern einer Sprühspitze.

Konstanthaltung der Flächendichte entwickelt (S. 80). Grobe Spannungsschwankungen (über etwa 5%) gleicht unsere Glimmstrecke des Bildes 97 bereits aus. Werden ganz genau konstante Spannungen benötigt (etwa $1/_2$%), so muß eine besondere Konstanthaltungsanlage vorgesehen werden. Bei sehr langsamen Schwankungen der Spannung könnte man daran denken, durch Regelung der Bandgeschwindigkeit die Ladestromstärke durch Hand zu ändern. Einfacher ist es jedoch, die Belegungsdichte des Bandes durch Nachregelung der Erregspannung an den unteren Aufsprühsäumen zu ändern. Bei schnelleren Schwankungen ist eine Regelung durch Hand nicht möglich. Man kann hier die Anzeige eines Rotationsvoltmeters benutzen und sie dem Gitter eines Röhrenreglers zuführen, der wiederum durch irgendwelche Zwischenglieder die Erregerspannung beeinflußt. Ein anderer und eingeschlagener Weg ist der, sich (ähnlich dem Bild 97) eine künstliche Glimmstrecke zur Hochspannungselektrode herzustellen. An dem Widerstand, der den Glimmstrom zur Erde ableitet, wird eine bestimmte Spannung abgegriffen, die dem Gitter des Röhrenreglers zugeführt wird.

Die bekannten Röhrenregler sind bislang zur Konstanthaltung der abgegebenen Spannung von Generatoren, die auf dem elektromagnetischen Prinzip beruhen, entwickelt worden. Das Grundprinzip des Arbeitens hierfür soll an Hand des Bildes 98a gezeigt werden. Die Aus-

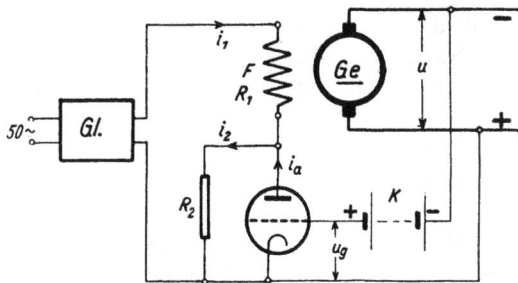

Bild 98a. Einstufiger Röhrenregler.

gangsspannung u des Generators Ge soll konstant gehalten werden. Tritt infolge Entlastung oder Belastung über Normallast des Generators eine Änderung der Spannung u ein, so ändert sich auch im gleichen Sinne die aus der Spannung u und der Kompensationsbatterie k gebildete Gitterspannung u der Röhre. Nun wird die Erregerwicklung F aus dem kleinen Hilfsgleichrichter Gl gespeist. In dem Stromkreis der Feldwicklung liegt für die Grunderregung der Widerstand R_2; zu ihm ist das Rohr parallel geschaltet. Es stellt eine Art veränderlichen Ohmschen Widerstand dar, der von der Größe der zwischen Gitter und Kathode herrschenden Spannung abhängig ist und dadurch zwischen einem Mindestwert und Unendlich gesteuert werden kann. Steigt aus irgendeinem Grunde die Spannung u an, so steigt auch die negative Gitterspannung. Damit verkleinert sich der Strom i_a und der Feldstrom i_1 ebenfalls. Die Spannung fällt wieder auf ihren Normalwert. Zweistufige Regler kehren ihre Steuerwirkung um. Derselbe Gedanke liegt einem Röhrenregler zugrunde, der für die elektrostatischen Generatoren entwickelt wurde. Bild 98b.) Der Glimmstrom von 10 bis 40 μA fließt über die Widerstände R_1, R_2, R_3 zur Erde. Ein Spannungsabfall findet längs einer auswählbaren Anzahl dieser Widerstände statt und ist an eine Schirmgitterröhre etwa vom Typ AF 7 gelegt; der Anodenkreis ist direkt an die Gitter zweier Verstärkerröhren (etwa RE 604) angelegt. Der Widerstand R_3 soll eine konstante Spannung von 100 V an dem

Schirmgitter der AF 7 halten; außerdem soll er eine passende Lage der Arbeitspunkte der Röhren 604 gewährleisten. R_{13} begrenzt den maximalen Anodenstrom der beiden Röhren 604 auf 80 mA. An den Anoden der 604 liegt kein Gleichspannungspotential; ihr Potential wird geliefert von der Sekundärwicklung des Umspanners T; und die dem Transformator entnommene Leistung wird bestimmt durch die Gitterspannung an den beiden 604. Die Primärwicklung von T liegt parallel zu dem durch Hand verstellbaren Widerstand, der die Spannung des Erregerumspanners EU regelt. Der Scheinwiderstand der Primärwicklung von T ist abhängig von der auf der Sekundärseite entnommenen

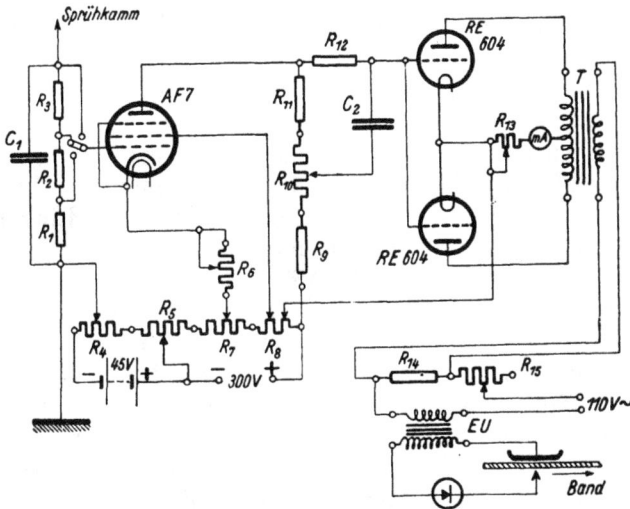

Bild 98 b. Vollständiges Schaltbild einer Röhrenregleranlage zur Konstanthaltung der Spannung eines Bandgenerators.

Leistung. Jede Änderung derselben wird eine Änderung des Eingangsscheinwiderstandes hervorrufen. Bei Zunahme des letzteren wird der Strom in der Primärseite von T zurückgehen, gleichzeitig damit fällt Strom und Spannung der Primärwicklung von EU.

Die Generatorspannung wird nicht sofort auf eine Erhöhung der Erregerspannung ansprechen, da die Stelle des Bandes mit der erhöhten Dichte eine gewisse endliche Zeit benötigt, bis sie von der Erregerstelle bis zur oberen Abnahmestelle gelangt um dort die größere Ladung abzugeben (es ist die Zeit eines halben Umlaufes des Bandes). Diese Zeitspanne gibt Anlaß zu störendem Pendeln des Röhrenreglers, wenn nicht passende Zeitkonstanten in ihm vorgesehen werden. Hierfür ist z. B. der Kondensator C_2 vorgesehen, der Pendelungen von etwa $1\frac{1}{2}$ s Dauer ausmerzt. Er kann weggelassen werden, wenn durch Benutzung des Maximalwertes von R_6 der Arbeitspunkt der AF 7 ins untere Gebiet der Kennlinie verschoben wird und ihr Anodenwiderstand entsprechend verkleinert wird. Jedoch ist dann die Verstärkung für eine gute Regelung ungenügend. Wird C_2 parallel zum gesamten Anodenwiderstand geschaltet, dann wird die Frequenz des Pendelns kleiner und gibt nur wenig Verbesserung in der Konstanthaltung.

Die Pendelstörungen sind praktisch ausgeschaltet durch die Einführung zweier Zeitkonstanten. Der Kondensator C_2, parallel zu einem wählbaren Teil des Anodenwiderstandes, bewirkt einen Ausgleich des Ansprechens des Röhrenreglers und verhindert Pendelungen bei trotzdem guter Verstärkerwirkung. Für kleine schnelle Schwankungen des Glimmstromes, die auftreten können, obwohl die Generatorspannung konstant bleibt, ist ein Glättungskondensator C_1 parallel zu den Eingangswiderständen vorgesehen. Seine Bemessung muß so gewählt sein, daß genügend Glättungswirkung vorhanden ist und keine Pendelungen eingeleitet werden.

Die Regelwirkung geht nun folgendermaßen vor sich: durch irgendwelche Umstände fällt die Spannung der Hochspannungselektrode. Der Glimmstrom wird daher kleiner. Die Spannung an den Eingangswiderständen R_1, R_2, R_3 nimmt deshalb auch ab. Dadurch steigt aber die negative Gittervorspannung an der Röhre AF 7, denn sie wird von der Spannung an den Widerständen R_1, R_2, R_3 kompensiert. Der Anstieg der negativen Gittervorspannung hat einen Abfall des Anodenstromes durch die Widerstände R_{11}, R_{10}, R_9 zur Folge. Hiermit ist ein Abfall der negativen Gitterspannung an den Röhren 604 verknüpft. Dieser bewirkt einen Anstieg der Anodenleistung der beiden 604, womit die Sekundärseite von T eine erhöhte Leistung abgeben muß. Aus diesem Grunde muß die Primärwicklung von T ebenfalls einen erhöhten Strom aufnehmen. Dieser Strom muß über die Primärwicklung des Erregerumspanners EU fließen. Somit steigt dort auch die Spannung. Die Folge davon ist eine Erhöhung der Spannung auf der Sekundärseite von EU. Diese veranlaßt eine Verstärkung des Sprühstromes zwischen den Beladungselektroden BE. Das Transportband erfährt eine Erhöhung seiner Beladungsdichte, womit der Spannungsverlust der HE ausgeglichen werden kann.

37. Der Generator im Betrieb.

a) Beim Betrieb eines Generators ist größte Sorgfalt nicht nur auf die Sauberkeit und Staubfreiheit des Generators und seiner Bauteile zu verwenden, sondern auch auf die Staubfreiheit des Versuchsraumes. Welchen Einfluß diese Faktoren haben können geht daraus hervor, daß die Grenzspannung um 20% steigen kann, nachdem der Versuchsraum feucht gewischt und frisch belüftet war. Die gleiche, vielleicht sogar größere Sorgfalt ist auf die Sauberkeit der Bänder zu legen. Ihre Isolierfähigkeit leidet außerordentlich unter Verschmutzung, da sich der Staub beim Lauf über die Rollen schnell festdrückt und eine mehr oder weniger gutleitende Schicht auf dem Band ergibt. Für die Verschmutzung des Bandes ist auch teilweise das Material der Rollen verantwortlich. Rollen aus Leichtmetall müssen vernickelt oder verchromt werden, da sich sonst die Bänder verschmieren und unbrauchbar werden. Bei der Verwendung von Erregerrollen aus Dielektrikum ist wichtig, daß sie glatt und sauber gehalten werden. Es kann nämlich der Fall eintreten, daß durch Abnutzung des Bandes, das z. B. aus Gummi bestehen kann, kleine und kleinste Gummiteilchen sich auf der Erregerrolle festsetzen und diese allmählich mit einer Schicht überziehen. Da dann aber die DKs von Band und Rolle nicht mehr verschieden sind, tritt auch keine Erregerwirkung ein.

b) Ähnliche Einwirkungen auf das Arbeiten des Generators hat die Feuchtigkeit der umgebenden Luft. Im Winter hat es damit keine Schwierigkeit. Bei frostigem Wetter lüftet man einfach den Versuchsraum. Der Feuchtegehalt der ohnehin schon trockenen Luft sinkt durch die Erwärmung auf Zimmertemperatur noch beträchtlich. Ungünstiger Einfluß auf die Grenzspannung und die Beladungsdichte sind dann nicht vorhanden. In feuchten Monaten kann es anders sein. Bei 50% relativer Feuchte merkt man bereits ihren Einfluß; bei 70% Feuchte ist an einen vernünftigen Betrieb nicht mehr zu denken. Klimatisierte Räume sind dann bei offenen Maschinen zur Erzielung eines vernünftigen Betriebes unerläßlich. Bei gekapselten Maschinen fallen diese Schwierigkeiten ganz weg. Bei denjenigen, deren Transportbänder in gekapselten Räumen laufen, fallen die Bedenken hinsichtlich der Belegungsdichte weg und es genügt zur Erzielung einer vernünftigen Grenzspannung, den Versuchsraum einige Grad höher zu heizen als die Außenluft.

c) Als Material für die Erregerrollen hat sich Glas oder Zelluloid im Verein mit einem Gummiband gut bewährt. Das erstere ergibt positive, das letzte negative Aufladung der Hochspannungselektrode. Andere Kombinationen sind denkbar, wobei zur Erzielung einer bestimmten Polarität die Coehnsche Ladungsregel zu beachten ist.

d) Eine der heikelsten Fragen bei den Generatoren ist die des Bandmaterials. In Deutschland ist noch keine Firma gefunden, die geeignete Bänder herstellt.

Die ersten Bänder waren einfach aus Plattengummi von 1 mm Dicke zusammenvulkanisiert. Sie haben sich angesichts ihrer Einfachheit gut bewährt. Den Vorteilen dieses Materials, der Elastizität, der guten Haftung auf metallenen Treibrollen und der guten Isolierfähigkeit stehen gewichtige Nachteile gegenüber. Diese bestehen 1. in der schnellen Alterung, 2. in der Unfähigkeit, größere Belastungen zu übertragen, da bei größerer Last infolge der großen Elastizität ein Rutschen des Bandes auf der Treibrolle eintritt; 3. in periodischen Schwankungen des Ladestromes, hervorgerufen durch die vulkanisierte Quernaht.

Weiter ist Astralon mit gutem Erfolg verwandt worden. Jedoch erweist sich hier als schwächste Stelle die zusammengeklebte Quernaht, die besonders bei Dauerbetrieb in Erscheinung tritt. Als weiteres Material ist Isolierleinen benutzt worden; auch dieses muß durch eine störende Quernaht zu einem endlosen Band gemacht werden.

Von den Amerikanern werden vielfach Bänder aus einem »elektrischen Isolierpapier« von etwa 0,4 mm Dicke verwandt, das durch eine unter 45° geneigte Naht zu einem endlosen Band zusammengeklebt ist. Es soll sich gut bewährt haben. Am besten haben sich zweifellos Bänder aus gummierten Baumwoll- oder Seidenstoff bewährt, die von vornherein zu einem endlosen Stück zusammengewebt waren. Hierbei sind die Seidenbänder insofern besser als die baumwollenen, da ihr Isolationswiderstand um Größenordnungen höher ist; mechanisch sind sie gleichwertig.

e) Das Hauptanwendungsgebiet der elektrostatischen Generatoren bildet der Betrieb von Entladungsröhren aller Art,

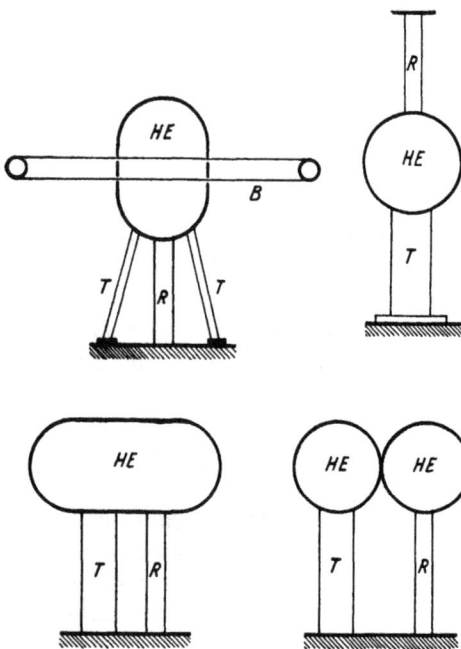

Bild 99 a—e. Anbauarten der Entladungsröhren an die Generatoren. *HE* = Hochspannungselektrode, *R* = Entladungsrohr, *T* = Isolierträger, *B* = Band.

die in dem nächsten Abschnitt kurz beschrieben werden sollen. Hierbei haben sich einige Standardkonstruktionen des Anbaues der Entladungsrohre entwickelt, die in dem Bild 99 a bis e wiedergegeben sind. Hierin bedeuten *HE* = Hochspannungselektrode; *R* = Entladungsrohr, *T* = Isolierträger, *B* = Band.

38. Abarten der Bandgeneratoren.

a) Staubgenerator [14]. Dieser stellt eine Abart insofern dar, als zum Transport der Ladungen nicht Bänder, sondern Staub verwandt wird (Bild 100). Ein durch ein Gebläse *S* angetriebener Luftstrom kreist mit großer Geschwindigkeit in einem Kanal *SFBB'*, wobei er mikroskopisch kleine Staubteilchen von wenigen μ Dmr. mit sich führt. Die Staubteilchen werden beim Durchfliegen einer Ionisierungsstrecke FD aufgeladen, gelangen dann durch das Isolierrohr B in einen Fliehkraftsammler, der sich innerhalb der Hochspannungselektrode K befindet und elektrisch mit ihr verbunden ist, geben hier ihre Ladung ab und gelangen durch das zweite Isolierrohr B' wieder durch das Gebläse S zur Erregerionisierungsstrecke FD zurück. Letztere besteht aus einem dünnen Draht F, der in der Achse des Rohres D angebracht ist und mittels eines Gleichrichters von 12 kV diese Spannung gegen das geerdete Metallrohr D hat. Die erzielbaren Ladeströme sind selbst bei sehr

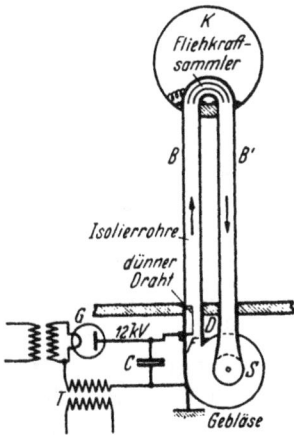

Bild 100. Elektrostatischer Generator mit Staubbeladung.

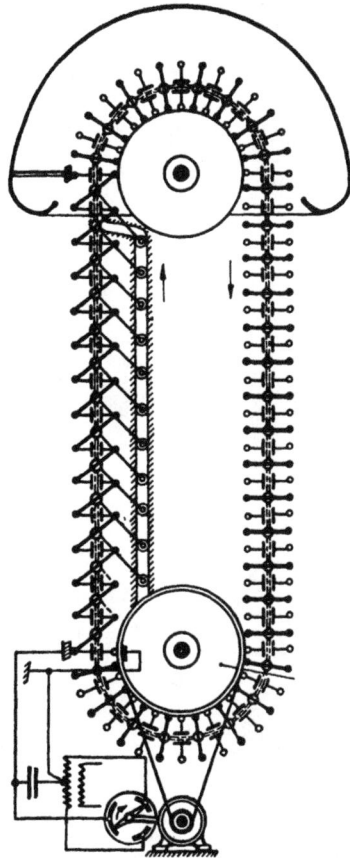

Bild 101. Generator mit Kondensatorband.

großen Luftgeschwindigkeiten (100 m/s) wesentlich geringer als bei den Generatoren, die Bänder als Ladungstransportmittel benutzen.

b) Generator mit Kondensatorband. Ebenso interessant wie die obige Ausführung ist der Vorschlag, der sich an die Konstruktion von Lord Kelvin wieder enger anschließt (Bild 101). Dieser sieht ein endloses Band vor, das abwechselnd aus Kondensatoren und dazwischen geschalteten Isolierstücken besteht. Die Kondensatoren werden unten aufgeladen und sind alle beim Aufwärtslaufen in die Hochspannungselektrode in Reihe geschaltet, so daß eine Kondensatorkette von der

Elektrode zur Erde besteht (kapazitive Spannungsteilung). Oben gibt jeder Kondensator seine Ladung an die Elektrode ab. Beim Heraus- laufen aus der Elektrode sind die Kondensatoren untereinander elek- trisch getrennt und werden unten sofort nach Aufladung aus einem Gleichrichtersatz in Reihe geschaltet. Bisher ist vom Arbeiten einer der- artigen Anlage nichts verlautet.

c) Ein weiterer Vorschlag zur Erzeugung hoher Gleichspannung lautet dahingehend, daß zum Ladungstransport eine dielektrische Flüs- sigkeit, z. B. Öl, benutzt werden soll.

V. Entladungsröhren für Bandgeneratoren.

a) Kernphysik und Hochspannung. Die Eigenschaften der Moleküle sind durch die räumliche Atomanordnung bedingt, mit deren Erforschung sich die Chemie befaßt. Die chemische Bindung ist gegeben durch die Kraftwirkungen der äußeren Elektronen (Elektronenwolken) aufeinander. Im Mittelpunkt der Elektronenwolken befindet sich der Kern, der nach dem Coulombschen Gesetz auf die Außenelektronen einwirkt und somit letzten Endes das chemische Verhalten des Atoms bedingt. Der Durchmesser der Elektronenhülle beträgt etwa 10^{-8} cm, der des Kerns etwa 10^{-12} cm. Hat der Kern eine positive Einheitsladung, so bindet er normalerweise ein Elektron; das vorliegende Element ist dann der Wasserstoff; hat er acht positive Einheitsladungen, so bindet er acht Elektronen der Hülle, der vorliegende Stoff ist daher Sauerstoff. Eine anschauliche Vorstellung der mikroskopischen Größen zueinander können wir uns machen, wenn wir uns z. B. ein Steinsalzkriställchen von $1/_{10}$ mm Kantenlänge 10^{11} mal vergrößert denken. Die Kante wird dann 100 km lang, auf ihr liegen in Abständen von je 10 m 10000 Atome; der Elektronenhüllendurchmesser ist dann auch jeweils 10 m. In der Mitte der Hüllen befindet sich der Kern von 1 mm Dmr. Mit diesem Kern und seinem Aufbau beschäftigt sich die Kernphysik.

Um den Kernen beizukommen, muß man die Atome zweier Elemente, die man zu einer Reaktion bringen will, sich so weit nähern lassen, daß Teile des einen Kernes sich mit Teilen des anderen austauschen können. Hierbei muß man die Atome des einen Elementes mit hoher Geschwindigkeit auf die des anderen schleudern. Für diesen Beschuß gibt es zwei Möglichkeiten. 1. Verwendet man die mit hoher Geschwindigkeit aus radioaktiven Strahlern ausgesandten Teilchen (x-Teilchen, d. s. Heliumkerne mit der Masse 4 und der Ladung 2, also He_2^4). 2. Kann man ionisierte Atome oder Moleküle eines Gases in einem starken elektrischen Feld beschleunigen und auf ein anderes Element aufprallen lassen.

Was uns bei der Kernforschung letzten Endes interessiert, ist die Ausnutzung der bei Kernreaktionen freiwerdenden beträchtlichen Energie für unsere technische Energiewirtschaft. Die z. B. von dem radioaktiven Präparat *RaC'* gelieferten Geschosse von Heliumkernen He_2^4 besitzen eine Geschwindigkeit $v = 1{,}92 \cdot 10^9$ cm/s. Unter Verwendung bekannter physikalischer Grundgrößen ergibt sich folgende Energiebilanz.

Elementarladung $e = 1{,}60 \cdot 10^{-19}$ Cb.

Masse des Wasserstoffkernes (Proton) $m_H = 1{,}65 \cdot 10^{-24}$ g.

Masse des Heliumkernes $m_{He} = 4 \cdot m_H$.

$L = 61 \cdot 10^{22} =$ Lohschmidtsche Zahl $=$ Zahl der Moleküle in einem Molgewicht.

Damit wird die kinetische Energie E_k des fliegenden He-Kernes

$$E_k = \frac{m\,v^2}{2} = \frac{1}{2} \cdot 4 \cdot 1{,}65 \cdot 10^{-24}\,\mathrm{g} \cdot 1{,}9^2 \cdot 10^{18}\,\mathrm{cm^2/s^2}$$

$$E_k = 1{,}1 \cdot 10^{-5}\ \mathrm{Erg}.$$

10^{-5} Erg ist normalerweise ein recht kleiner Energiebetrag; bezogen auf ein einziges Atom ist er aber sehr groß. Denn betrachten wir den Übergang eines Molgewichtes — also von 4 g He —, dann wird der Betrag an kinetischer Energie

$$E_k' = L \cdot 1{,}1 \cdot 10^{-5}\ \mathrm{Erg} = 61 \cdot 10^{22} \cdot 1{,}1 \cdot 10^{-5}\ \mathrm{Erg}$$

$$= 6{,}7 \cdot 10^{18}\ \mathrm{Erg} = 6{,}7 \cdot 10^{11}\ \mathrm{Ws}$$

$$E_k' = 185\,000\ \mathrm{kWh}.$$

Diese Energiemenge ist selbst für technische Begriffe eine recht stattliche, wenn man bedenkt, daß bei der Verbrennung von 2 g Wasserstoff nur etwa 0,08 kWh frei werden.

In der Kernphysik hat sich ein neues Energiemaß eingebürgert. Man gibt an, wieviel »Elektronenvolt« (eV) ein fliegendes Teilchen besitzt, d. h. welche Spannung (in Volt) das Teilchen mit seiner Ladung (ausgedrückt im Vielfachen der Einheitsladung e) durchlaufen hat und zwar ist

$$10^6\ \mathrm{eV} = 1\ \mathrm{MeV} = 1{,}6 \cdot 10^{-19}\ \mathrm{As} \cdot 10^6\ \mathrm{V} = 1{,}6 \cdot 10^{-6}\ \mathrm{Erg}$$

$$1\ \mathrm{Erg} = 0{,}63 \cdot 10^6\ \mathrm{MeV}.$$

Unser H_2^4-Teilchen hat also eine Energie von 7 MeV.

Die letzte Darstellung veranschaulicht besonders deutlich, daß wir mit den für unsere bisherigen technischen Begriffe sehr hohen Spannungen der Bandgeneratoren selbst den mehrfach geladenen Atomen nur eine beschränkte Energie gegenüber den natürlichen von radioaktiven Strahlern gelieferten Geschosse mitgeben können. Bei einer Generatorspannung von 2 Mill. V können wir dem He_2^4-Kern 4 MeV erteilen, also etwa die Hälfte der Energie eines natürlich radioaktiv ausgeschleuderten Teilchens. Andererseits — und darin liegt der Vorteil des Arbeitens mit künstlich durch Hochspannung beschleunigtem Teilchen — kann erstens die Zahl der Geschosse um mehrere Zehnerpotenzen gesteigert und zweitens ihre Geschwindigkeit bis zu einer oberen Grenze beliebig geregelt werden.

Man kennt heute bereits eine außerordentlich große Zahl von Atom-umwandlungsprozessen. Als Geschosse hat man bisher verwendet

1. α-Teilchen $=$ Heliumkerne der Ladung 2 und Masse 4, Symbol $He_2{}^4$.

2. Protonen $=$ positiv geladene Kerne des gewöhnlichen Wasser-stoffes, also Ladung 1, Masse 1; Symbol: $H_1{}^1$.

3. Deuteronen $=$ Kerne des schweren Wasserstoffes mit der Ladung 1 und Masse 2; Symbol $D_1{}^2$.

4. Neutronen $=$ Teilchen mit der Ladung Null und der Masse 1; Symbol: $n_0{}^1$.

Diese Teilchen müssen erst durch einen vorge-schalteten Kernprozeß der drei ersten Teilchen ge-bildet werden. Da sie aber wegen ihrer Ladung Null gut gegen elektrische Felder anlaufen können, spielen sie in der Kernphysik eine große Rolle.

Diese 4 Geschosse können in vielfältiger Weise mit jedem der uns bekannten Elemente reagieren. Man kennt heute bereits mehrere Hun-dert Kernreaktionen.

b) Entladungsröhren. Die Beschleunigung der Teilchen geht nun in den eigens dazu geschaffenen Entladungsröhren vor sich. Sie be-stehen im wesentlichen aus zwei Hauptteilen, nämlich 1. der Ionen-quelle und 2. dem Beschleunigungsraum. Für den letzteren und seinen prinzipiellen Aufbau hat sich bereits ein allgemein benutzter Typ ent-wickelt. Er ist in seiner einfachsten Form in Bild 124 zu sehen. Der Beschleunigungsraum besteht hier aus einem evakuierten Porzellanrohr, in dessen Achse Metallzylinder zentriert sind. Der obere Zylinder hat das Potential der Hochspannungselektrode, der untere Erdpotential, der mittlere nimmt ein Zwischenpotential an. Die Beschleunigung der Teilchen erfolgt daher in 2 Stufen zwischen den beiden Spalten $E_1 E_2$ und $E_2 E_3$. Die Unterteilung in noch mehr Beschleunigungsstufen ist für höhere Spannungen fortgesetzt und bringt den Vorteil einer guten Fokussierung des »Brennfleckes« der beschleunigten Teilchen (Linsen-wirkung) mit sich. Außerdem sind die einzelnen Stufen, wie das Bild 118 zeigt, metallisch mit den Sprühreifen verbunden, so daß für eine gute Verteilung des Potentials zur Vermeidung von Gleitfunken längs des Isolierkörpers gesorgt ist. Einen Nachteil allerdings hat die Kaskaden-bauweise der Röhre, nämlich den, daß, wenn die inneren Metallzylinder nicht alle genau mechanisch auf eine Achse zentriert sind, bei Änderung der Spannung ein Wandern des Brennfleckens eintritt. Der Gasdruck im Beschleunigungsraum beträgt etwa $5 \cdot 10^{-5}$ Tor.

Wesentlich mannigfachere Ausführungsformen gibt es unter den Bauarten der Ionenquellen. Es soll an Hand des Bildes 102 nur die grundsätzliche Arbeitsweise einer solchen besprochen werden. Die Ionen werden hier einer Hilfsbogenentladung entnommen, die sich zwischen der mit 10 A bei 2,5 V geheizten Oxydkathode C durch eine Kapillare A (3,2 mm Dmr., 25,4 mm lang) aus Kovar (Cu-Ko-Ni-Legierung) und der flachen Nickelanode D ausbildet. Der Gasentladungsstrom schwankt zwischen 0,2 A bei 125 V und 1 A bei 170 V. Der Druck des aus der Röhre R nachströmenden Wasserstoffgases beträgt in der Hilfsentladung 10^{-2} bis 10^{-1} Tor. Der Kupferklotz B dient zur Kühlung der Kovarkapillare A. Liegt an der Blende G ein Potential von -5000 V und

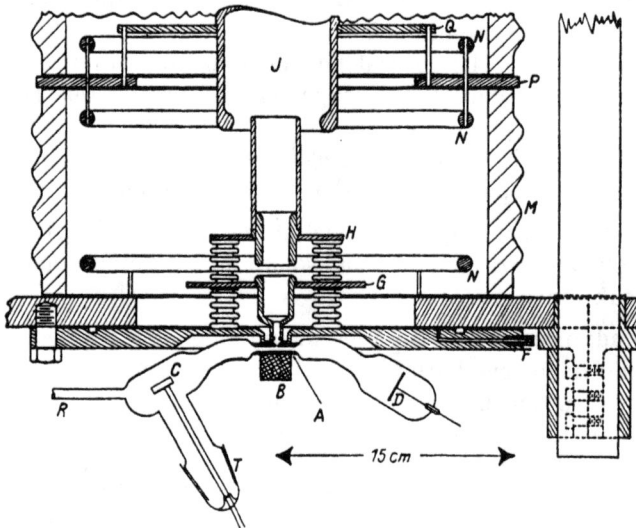

Bild 102. Ionenquelle einer Entladungsröhre. Die zu beschleunigenden Teilchen werden einer Hilfsbogenentladung entnommen. C = geheizte Kathode, D = Nickelanode, B = Kupferklotz zur Kühlung der Kovarkapillare A; G—H—J = elektrisches Linsensystem, R = Röhrchen aus dem das Gas nachströmt.

an der Elektrode H das Potential -10000 V gegen die Kapillare, so wird der in der Mitte angebohrten Kapillare ein Ionenstrom von 130 μA entnommen. Von dem aus den Elektroden G, H und J gebildeten elektrischen Linsensystem wird das für den Zylinder J nötige Potential dem Gesamtpotential mittels Sprühreifen entnommen, während die Potentiale von G und H Hilfsspannungsquellen entnommen werden. Außer den Ionen tritt an der Durchbohrungsstelle der Kapillare auch eine Menge neutrales Gas in den Beschleunigungsraum. Um in ihm das erforderliche Vakuum aufrechtzuerhalten, sind die Vakuumpumpen ständig in Betrieb zu halten. Die dem Plasma der Hilfsentladung entnommenen geladenen Teilchen treffen nach der Beschleunigung auf die auf Erdpotential befindliche Kathode, welche die Versuchssubstanz, deren Kernreaktionen beobachtet werden sollen, trägt.

VI. Neue Rotor- und Scheibengeneratoren als Nebenfeldmaschinen.

39. Arbeitsweise.

Betrachtet werde das nebenstehende Bild (Bild 103). M ist ein geerdeter Metallzylinder, J ein solcher aus Dielektrikum. Auf dem Zylinder J seien zwei metallische Längslamellen angebracht. Der Isolierzylinder dreht sich um seine Achse, die parallel, aber um ein Stück exzentrisch von der Metallzylinderachse versetzt ist. Bei der Rotation wird jede Lamelle eine periodische Kapazitätsänderung gegen den Metallzylinder erfahren. In ihrer untersten Stellung, wo sie dem geerdeten Zylinder am nächsten kommt, wird sie am größten sein (Stellung 1); in der oberen Stellung, bei ihrer größten Entfernung von der Zylinderwand, am kleinsten (Stellung 2). Erteilt man nun der Lamelle in der Stellung 1 eine Ladung mit dem Potential V_1, so wird die Spannung nach Loslösung vom Aufsprühorgan bei weiterer Drehung steigen, entsprechend ihrer Kapazitätsverkleinerung, und dort, wo sie am größten ist (in der Stellung 2), zum Verbrauch zur Verfügung stehen.

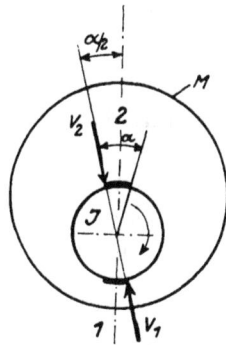

Bild 103. Rotorgenerator als Nebenfeldmaschine; M = geerdeter Metallzylinder. J = Zylinder aus Dielektrikum.

Wir können den Vorgang unter der Annahme, daß die Kapazität des Ladungsaufbringers und des Abnehmers zu dem übrigen System Null ist und bei endlicher Lamellenbreite mit einem Carnotschen Kreisprozeß der Thermodynamik vergleichen.

Wenn die Drehung im Uhrzeigersinne erfolgt und die Trennstelle des Abnehmers bzw. Aufladers um den halben Lamellenbreitenwinkel φ gegen die Drehrichtung von der Stellung der Kapazitätsumkehrpunkte aus verschoben ist, gilt:

1. Bei der Kapazität C_1 und der Ladung Q_1 wird das System von der Spannungsquelle vom Potential V_1 getrennt. Die Kapazität fällt dann auf den Wert C_2, und das Potential steigt auf V_2; die Ladung Q_1 bleibt ungeändert. Während des ganzen Prozesses muß das Produkt aus V und C konstant bleiben. Die Kurve AB wird daher eine gleichseitige Hyperbel (Bild 104a).

2. Bei dem konstanten Potential V_2 wird die Lamelle mit dem Abnehmer verbunden und gibt an ihn die Ladung $Q_1 - Q_2$ ab; die Kapazität fällt weiter auf den Wert C_3 (da sie infolge des um den Winkel $\varphi/2$ vorgerückten Abnehmers ihren kleinsten Wert noch nicht erreicht hatte). Wir kommen zum Punkt C.

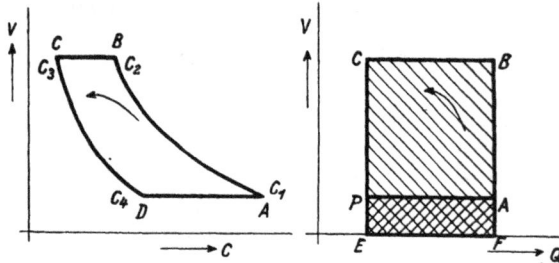

Bild 104a, b. Vergleich der mechanischen Verdichtungsarbeit des Rotorgenerators mit dem Prozeß in einer Arbeitsmaschine.

3. Die Lamelle wird von dem Abnehmer mit dem Potential V_2 getrennt. Die Kapazität steigt wieder, und zwar auf den Wert C_4. Das Potential fällt wieder auf V_1. Die Ladung Q_2 bleibt ungeändert.

4. Schließlich wird die Lamelle wieder mit der Niederspannungsquelle vom Potential V_1 verbunden, von der sie die Ladung $Q_1 - Q_2$ bezieht. Die Kapazität fällt weiter von C_4 auf C_1. Damit ist der Kreis geschlossen.

Daß wir den Vorgang so betrachten können, hat — wie bereits erwähnt — zur Voraussetzung, daß die Kapazität der einzelnen Lamelle zum Metallzylinder durch Berührung mit dem Abnehmer oder Auflader nicht geändert wird.

Jeder Umlauf bewirkt die Übertragung eines bestimmten Ladungsbetrages $(Q_1 - Q_2)$ von der Quelle niederen Potentials V_1 zu dem Abnehmer mit höherem Potential V_2. Die mechanische Verdichtungsarbeit ist gegeben durch die Fläche $ABCD$ (in Bild 104b). Die Fläche $ADEF$ stellt die elektrische Energie E_1 dar, die der Quelle mit dem Potential V_1 entnommen wird; die Fläche $BCEF$ die Energie E_2, die der Abnehmer empfängt. Die Energie E_2, die das Hochspannungssystem erhält, besteht daher zu einem Teil aus der Energie E_1, die von dem Niederspannungssystem geliefert wird, und zum anderen Teil aus der mechanischen Arbeit $E_2 - E_1$. Das Verhältnis E_2/E_1 ist bestimmt durch den Übersetzungsfaktor $n = V_2/V_1$, wobei n immer viel größer als 1 ist.

Ein solcher elektrostatischer Generator ist eine umkehrbare Anordnung. In dem eben geschilderten Kreisprozeß kann die Hochspannungsquelle quantenweise die Energie E_2 abgeben und die Niederspannungsquelle die Energie E_1 empfangen, und die Differenz $E_2 - E_1$ kann in mechanische Arbeit umgesetzt werden. Auf diese Weise kann die Maschine auch als Motor betrieben werden. Hierbei kommt, wie wir aus den allgemeinen Betrachtungen auf S. 33 gesehen haben, als günstigster Wirkungsgrad η das Verhältnis von $E_2/E_2 — E_1 = 0{,}5$ in Betracht. Im übrigen wird der Wirkungsgrad bestimmt durch Reibungs-, Wärme- und dielektrische Verluste. Wenn bei Loslösung vom Auflader mit dem Potential V_1 die größte Kapazität C_1 ist und bei Loslösung vom Abnehmer die kleinste Kapazität C_3, dann wird das höchste erreichbare Potential

$$V_{max} = V_1 \cdot \frac{C_1}{C_3}.$$

Der Strom, der bei diesem Potential entnommen werden kann, wird Null sein, ebenfalls die Ladung

$$Q_L = V_2 (C_2 — C_3) = 0,$$

also $C_2 = C_3$. Daher wird V_{max} die Leerlaufspannung des Generators. Die Ladung, die eine Lamelle während eines Umlaufes mitnimmt, wird

$$Q_{max} = V_1 (C_1 — C_3).$$

Wenn die Ladung bei einem Potential V, welches zwischen V_1 und V_2 liegt, abgenommen wird, dann gilt

$$V = V_{max} \cdot \frac{C_3}{C_2}$$

und

$$Q = V (C_2 — C_3) = V \cdot C_2 — V \cdot \frac{V}{V_{max}} \cdot C_2.$$

Bezeichnen wir die Ladungsmenge $V \cdot C_2 = V_1 \cdot C_1$ mit Q_0, so wird die Ladung des Rotors in den Abschnitten 1 bis 2

$$Q = Q_0 \left(1 — \frac{V}{V_{max}}\right)$$

Das Bild 105 zeigt die Strom-Spannungskennlinie, wie sie sich aus der letzten Gleichung ergibt. Sie ist eine Gerade, deren Neigung bestimmt wird durch

$$\text{tg } \alpha = \frac{V_{max}}{Q_0} = \frac{1}{C_3}.$$

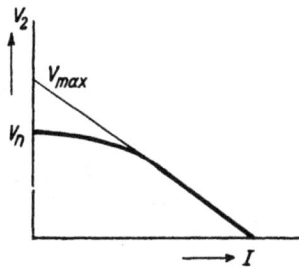

Bild 105. Strom-Spannungskennlinie des Rotorgenerators.

Die Kapazität C_3 bestimmt aber nicht nur die größte Spannung V_{max}, sondern auch die Neigung der Kennlinie und ebenso die Größe der Ladung, die bei gegebenem Potential abgenommen werden kann.

Eine Kennlinie, die von der letzteren abweicht, erhalten wir, wenn wir die Ladungsverluste, die durch Ableitung und Sprühen entstehen und im Generator tatsächlich vorhanden sind, berücksichtigen. Bei einem bestimmten Wert V_2 steigt der von dem Abnehmer entnommene Strom nicht mehr proportional der Spannung, sondern langsamer als diese, wie in Bild 105 gezeichnet ist; und der Wert der Leerlaufspannung wird V_n statt V_{max}.

Wie wir mittels Vergleich mit unserer Systematik feststellen können, haben wir in dieser Maschine den reinen Typ einer Nebenfeld- oder Sonderfeldmaschine vor uns. Das Erregerfeld steht in keiner Einflußzone des Hochspannungs-Hauptfeldes. Es finden keine Einwirkungen von dem letzteren auf das erstere statt. Somit übt natürlich auch ein eventuell vorhandener Verbraucher keine Rückwirkung auf den Beladungsvorgang aus. Ja, der Beladungsvorgang kann ohne Schwierigkeiten vor sich gehen, unabhängig davon, ob das Hauptfeld (V_2) überhaupt besteht. Es werden dem Abnehmer zwar Ladungen abgegeben, deren Größe von der Höhe des Potentials V_2 abhängig ist, doch hat V_2 keinen Einfluß auf den Beladungsvorgang.

40. Verbesserter Einrotorgenerator und der Vielrotorgenerator.

a) Legt man einer Konstruktion die Erfahrungen mit den Bandgeneratoren zugrunde, so können an ihr noch Verbesserungen angegeben werden. Eine solche besteht zunächst einfach darin, daß man die rechte Seite des Rotors, die den Hochspannungsabnehmer V_2 ungeladen verläßt, mit einer Ladung entgegengesetzten Vorzeichens versieht. Unten am Potential V_1 wird sie dann durch entsprechende, uns bekannte Maßnahmen abgenommen.

Eine weitere Verbesserung kann dadurch hervorgerufen werden, daß zur Homogenisierung des Feldes zwischen Hochspannungsabnehmer und Erde am Umfang des Rotors an Stelle der geerdeten Tankwand ein geerdeter Schirm S_1, Bild 106, von passender Gestalt angebracht wird, so daß die Feldverteilung eine gleichmäßigere wird. Weiterhin kann die Kapazität C_3 verkleinert werden, ohne daß die sonstigen Abmessungen der Maschine zu vergrößern wären. Das geschieht durch Anbringung eines Hochspannungsschirmes S_2, der mit dem Hochspannungsabnehmer verbunden ist und den Rotor gegen den zylindrischen Tank abschirmt, so daß ihre Kapazität (Tank-Rotorsegment C_3) kleiner ist als ohne S_2. Der Raum zwischen Tank und S_2 kann durch einen festen oder flüssigen Isolierstoff mit großer elektrischer Festigkeit gefüllt werden.

Durch Anbringen weiterer metallischer Streifen, z. B. S_3 und S_4, die mit den ihnen auf der Außenseite des Zylinders gegenüberliegenden

Bild 106. Verbesserung der Arbeitsweise des Einrotorgenerators durch Anbringen der Schirme $S_1 — S_4$.

Streifen elektrisch verbunden sind, kann die innere Oberfläche des Rotors als Arbeitsfläche ausgenutzt werden.

Ergebnisse des unterschiedlichen Verhaltens sind an verschiedenen, derart abgewandelten Maschinenmodellen gefunden worden und in Bild 107 dargestellt. Die Kurven a und b sind an einer Maschine mit nur äußeren Belegungen bei einem Erreger-potential V_1 von 6 kV bzw. 8 kV auf-genommen. Das Verhältnis von V_{max}/V_1 ist hier 12. Die Kurven c und d sind an demselben Modell aufgenommen, jedoch mit äußerer und innerer Bele-gung bei denselben Erregerpotentialen. Das Verhältnis V_{max}/V_1 ist hier 20 und der Kurzschlußstrom rd. $1\frac{1}{2}$ mal größer.

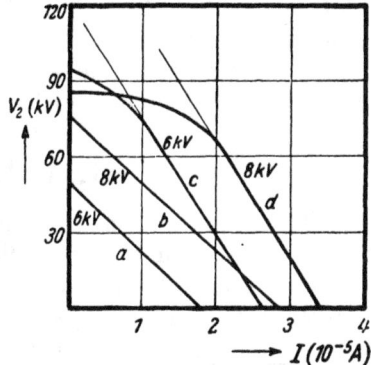

Bild 107. Vergleich der Stromspannungs-kennlinien der Maschinen mit und ohne Zusatzschirme S.

Ein Generator dieser Bauart mit einem Rotordurchmesser von 2 m sollte — in Petroleum von 90 kV/cm Durch-bruchfeldstärke laufend — eine Span-nung von $3 \cdot 10^6$ V bei einem Kurzschlußstrom von 1 mA liefern. In-dessen wurden mit ihm aber im Dauerbetrieb nur 800 bis 900 kV bei Strömen von 20 bis 50 μA erreicht.

b) Es ist leicht einzusehen, daß man durch die Entstehung des toten Raumes zwischen dem Schirm S_2 und der Tankwand versucht ist, diesen auszunutzen. Bei Verfolgung dieser Idee kommt man zu einem »Viel-rotorgenerator«, von welchem eine Ausführung mit vier Rotoren in Bild 108 zu sehen ist. Die Mitte ist besetzt durch den Hochspannungsabnehmer. Von diesem Mit-telteil fällt das Potential einheitlich nach der Tankwand zu ab. Die Äquipotentialflächen in dem Raum zwischen den Rotoren können durch einen Satz leitender Flächen mit einem gradu-ellen Potentialabfall von V_2 auf Null dargestellt werden. Die letzte Fläche mit dem Potential Null wird durch die geerdete Abschirmung ge-bildet. Abweichend von den obigen Modellen kann hier der Raum um die vier Rotoren —

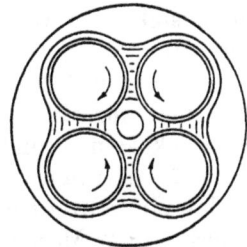

Bild 108. Rotorgenerator mit 4 Rotoren.

mit Ausnahme des Laufspaltes (von der Größe d) — mit einem festen Dielektrikum, welches durch die leitenden Flächen unterteilt ist, aus-gefüllt werden. Die Arbeitsweise des Vielrotorgenerators unterscheidet sich nicht unwesentlich von der des Einrotorgenerators. An Stelle einer fortschreitenden Verkleinerung der Kapazität (von C_1 auf C_2) haben wir nun eine konstante Kapazität mit dem Laufspalt d. Die

Potentiale der leitenden Flächen geben dem Rotor eine graduell von Null auf ($V_2 — \varDelta V$) steigendes Potential an der Stelle, wo der Hochspannungsabnehmer den Rotor berührt. Hierbei ist $\varDelta V$ die konstante Potentialdifferenz, die zwischen dem Rotor und jedem seiner angrenzenden Äquipotentialflächen besteht. Es herrscht also $\varDelta V$ am ganzen Umfang jedes Rotors, so daß $\varDelta V = E \cdot d$ ist, wobei E die erlaubte Feldstärke in dem Laufspalt ist. Diese Konstruktion hat gegen die frühere den Vorteil, daß alle Isolationsstrecken nur die Spannung $\varDelta V$ auszuhalten haben und nicht die gesamte hohe Spannung V_2.

41. Vielplattengenerator.

Da die Raumausnutzung bei den Vielrotorgeneratoren immer noch nicht befriedigend erscheint, liegt die Konstruktion einer Vielplattenmaschine nahe, die im Aufbau einer Maschine des Whimshurst-Typs außerordentlich ähnelt, jedoch gegenüber dieser einen noch näher zu beschreibenden, entscheidenden Unterschied aufweist. Bild 109 zeigt ein solches Modell. Im Arbeitsprinzip unterscheidet es sich nicht von dem Vielrotormodell, nur liegt hier eine bessere Raumausnutzung vor. Genau wie bei der Whimshurst-Maschine sind hier beiderseits der Platten radiale Metallsegmente angebracht. Der Vielplattengenerator besteht aus dem Vielplattenstator A, dessen Platten zwischen die Platten des Rotors B hineinragen. Jede Platte ist in eine große Anzahl von Metallsegmenten unterteilt, die durch nichtleitende Zwischenräume getrennt sind. Der Sektor 1 des Stators ist mit Erde verbunden; der Sektor 2 stellt den Hochspannungsabnehmer (V_2) dar. Während nun bei der alten Influenzmaschine die gesamte Spannung V_2 an dem Spalt zwischen den festen und den beweglichen Platten lag (vgl. S. 58), liegt hier nur eine kleine Spannung $\varDelta V$ zwischen ihnen. Den zwischen den Sektoren 1 und 2 liegenden Sektoren des Stators wird durch die äußeren Ableitungswiderstände R ein Zwischenpotential aufgedrückt, so daß ein vernünftiger, gradueller Potentialabfall von Sektor zu Sektor innerhalb der Maschine vorhanden ist. Auf diese Weise liegt das totale Potential nicht wie früher zwischen den Laufspalten der Endplatten, sondern über dem Durchmesser jeder Platte. Der äußere Ableitungswiderstand R wird überflüssig, wenn man die Platten des Stators mit einer Halbleiterschicht überzieht, so daß ein kontinuierlicher Potentialabfall, parallel zu den Statorplatten, senkrecht nach unten eintritt. Auch dann bleibt der Charakter einer Nebenfeldmaschine erhalten.

Ein Rotorsektor empfängt seine Ladung mit dem Potential V_1 beim Vorbeigleiten an dem Statorsegment 1. Diese Ladung wird an

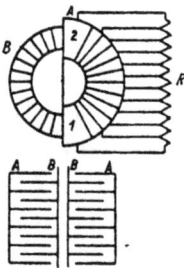

Bild 109. Schema des Vielplattengenerators mit Radiallamellen.

den Hochspannungsabnehmer V_2 übergeben, wenn der Sektor am Statorsektor 2 ankommt. Beim Verlassen desselben wird er umgeladen und erhält eine Ladung von entgegengesetztem Vorzeichen. Um an den Endplatten befriedigende Isolation zu erhalten, ist es vorteilhaft, dort einige Platten — mit nach außen gradual abfallendem Potential — leer umlaufen zu lassen. Wie beim Vielrotorgenerator kann man auch hier mehrere Sätze von Vielplattensystemen sternförmig um einen zentralen Hochspannungskern anordnen und in einen Tank einbauen, den man entweder evakuiert oder mit Preßglas füllt.

Den Kurzschlußstrom können wir nach unserer alten Formel $I = \sigma \cdot b \cdot v$ berechnen und wollen dabei berücksichtigen, daß beide Seiten der Platten geladen und am Hochspannungssektor umgeladen werden, so daß wir den Faktor 4 hinzufügen müssen. Die Ladung ist aber auch nicht über die ganze Fläche verteilt, sondern nur über die Fläche der Metallsegmente, die den Teil α der ganzen Fläche ausmacht. α können wir mit 0,6 bis 0,75 annehmen. Der Kurzschlußstrom I eines Vielplattengenerators wird dann

$$I = 4 \cdot \alpha \cdot \varepsilon_0 \cdot E \cdot N (R - r) \cdot v$$

wobei N die Zahl der Platten ist, R und r äußerer und innerer Radius der Metallsegmente, v die mittlere Umfangsgeschwindigkeit und E die Normalfeldstärke.

Die Errechnung des Potentials V_2 fußt auf der Annahme einer zulässigen Tangentialfeldstärke E' längs der Oberfläche der Rotorplatten zwischen zwei aufeinanderfolgenden Metallsegmenten. Es wird

$$E' = \frac{V_2}{\pi \cdot \beta \cdot r}$$

wobei $\beta \sim 0{,}5$ das Verhältnis der freien Isolationsstrecke zwischen zwei aufeinanderfolgenden Segmenten zur Länge der Sehne von Segmentmitte zu Segmentmitte an der Stelle des kleinsten Radius r ist.

Das elektrische Schema eines Plattengenerators ist in Bild 110 gegeben. Hier stellt r die äußeren Ableitungswiderstände des Stators dar. A stellt im Verein mit dem Bügel des Potentials V_1 die Aufladevorrichtung dar, B mit dem Abnahmebügel die Hochspannungselektrode mit Umladevorrichtung. 1 bis 1 sind Segmente auf der Rotorplatte, die hinter der gezeichneten Statorplatte liegt. r_1 sind die Widerstände, die die Umladung der Segmente z. B. beim Durchgang durch den Hochspannungs-

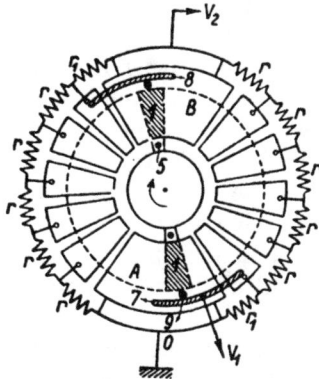

Bild 110. Elektrisches Schema des Plattengenerators.

8*

sektor B besorgen. Die Umladung erfolgt dadurch, daß der Bügel, der die Ladung vom bewegten Segment abnimmt, ein geringeres Potential hat als die durch B auf dem Segment influenzierten Ladungen, so daß ein Überschuß an Ladung des entgegengesetzten Vorzeichens von B auf dem Segment bei Trennung vom Bügel verbleibt.

Die Zahl der Segmente auf den Rotor- und Statorplatten ist nicht beliebig. Sie wird vielmehr durch folgende Überlegung bestimmt: Das Statorsegment A hat das Potential Null. Das daran vorbeigleitende Rotorsegment 1 hat das Potential V_1. Die Potentialdifferenz zwischen den aufeinanderfolgenden Statorsegmenten ist immer ΔV. Schiebt sich nun das Rotorsegment über A hinaus auf das nächste zu, so wird, wenn es höchstens immer nur zwei Statorsegmente überdecken kann, die maximale, an dem Luftspalt auftretende Potentialdifferenz $V_1 + \Delta V$ sein. Die Durchbruchfeldstärke ist also abhängig von $V_1 + \Delta V$, während die Größe der jeweils auf einem Segment transportierten La-

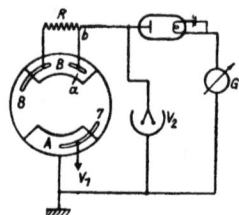

Bild 111 a. Äußerer Belastungskreis eines einfachen Modells.

dung nur von V_1 abhängt. Wenn daher bei einem gegebenen Luftspalt zwischen Rotor- und Stator-platten V gegen V_1 groß ist und Überschläge auf-treten, dann muß V_1 erniedrigt werden. Dieses führt aber dann zu vermindertem Strom und ver-minderter erreichbarer Spannung V_2. Aus diesem Grunde ist für ein vernünftiges Arbeiten eines Viel-plattengenerators zu fordern, daß $\Delta V < V_1$ ist.

An einem einfachen Modell mit 120 Segmenten auf jeder Scheibe, das in der einfachen Schaltung des Bildes 111 a arbeitete, wurden Kennlinien aufgenommen. (Der Wider-stand R konnte so eingestellt werden, daß $I \cdot R$ gleich V_1 wurde, so daß an der Stelle a die Segmente eine Ladung mit dem Potential V_1 er-halten.) Es wurde festgestellt:

1. Bei konstanter Erregerspannung V_1 steigt der Kurzschlußstrom linear mit der Drehzahl. 2. Bei konstanter Drehzahl steigt der Kurz-schlußstrom proportional mit der Erregerspannung. 3. In Bild 111b ist bei konstanter Erregerspannung die Abhängigkeit der entnehmbaren Spannung V_2 vom Belastungsstrom aufgetragen; der Strom fällt mit steigendem V_2 linear bis zum Einsetzen von Sprüh- und Koronaverlusten, von da ab fällt er stärker. 4. Das Bild 111c zeigt die Zunahme von V_2 in Abhängigkeit vom Druck der Luft im Generator. Es gelingt dadurch eine wesentliche Steigerung von V_2.

Bei den eben beschriebenen Modellen haben die Achsen das halbe Potential des Abnehmers V_2. Es gibt jetzt Vorschläge, die vorsehen, daß die Achsen der Platten Erdpotential haben und eine Verteilung der Abnehmer und Auflader z. B. folgendermaßen aussieht: Unten ein Hochspannungsabnehmer mit dem Potential $-V_2/2$; oben ein Ab-nehmer mit dem Potential $+V_2/2$; links und rechts am Umfang der

Platten die Niederspannungsauflader mit den Potentialen — $V_1/2$ und
+ $V_1/2$. Hierdurch sind durch die verbesserte Potentialverteilung Vor-

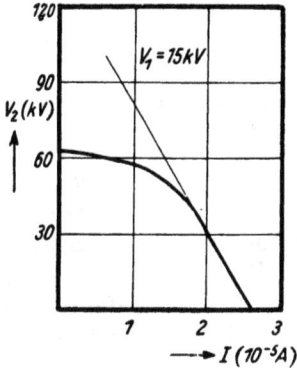

Bild 111 b. Strom-Spannungskennlinie eines
einfachen Plattengenerators.

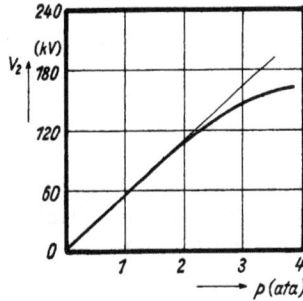

Bild 111 c. Spannungsanstieg mit dem Druck
des Füllgases.

teile zu erwarten. Außerdem soll es bei einer solchen Anordnung möglich sein, Selbsterregung zu erhalten.

Bei Vermeidung von Sprüh- und Koronaverlusten kann es mit
dieser Art Maschinen gelingen, Leistungen pro Volumeneinheit zu erreichen, wie sie sich bei den elektromagnetischen Maschinen ergeben.
Damit würde eine neue Ära der Hochspannungstechnik eingeleitet,
denn die Hochspannungsfernleitungen, die heute mit Wechselspannung
betrieben werden, könnten auf Gleichspannung umgestellt werden, wodurch eine wesentlich wirtschaftlichere elektrische Energieübertragung
über große Entfernungen möglich wäre.

VII. Anhang: Ausgeführte Anlagen.

Im folgenden ist eine Anzahl bemerkenswerter Anlagen elektrostatischer Bandgeneratoren beschrieben. Die Angaben umfassen elektrische und mechanische Daten der Generatoren, sowie Arbeitsweise, Verwendungszweck und Erfahrungen. Die Reihenfolge der Aufzählung ist etwa so gehalten, daß die großen Mammutbauten den Anfang machen, dann die mittelgroßen Typen folgen und die kleinen transportablen Demonstrationsmodelle den Schluß bilden.

1. Generator im Ukrainischen Physikalisch-Technischen Institut zu Kharkov (USSR.) von A. K. Valther, K. D. Sinelnikov und A. J. Taranov [17].

Einen Querschnitt durch den Generator zeigt das Bild 112.

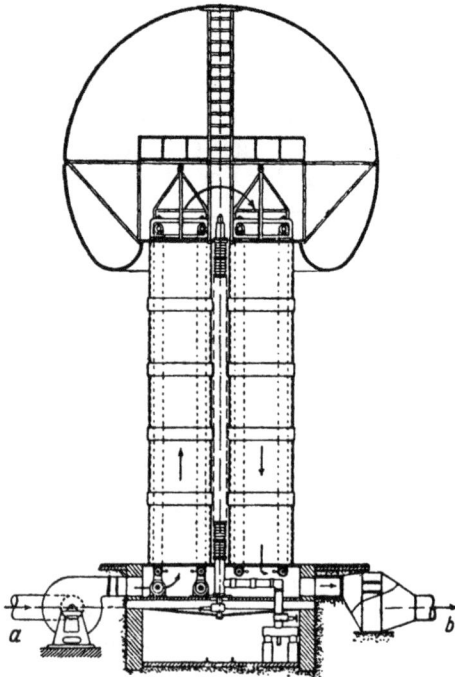

Bild 112. Generator von A. K. Valther, K. D. Sinelnikov und A. J. Taranov (a von Klimaanlage; b zur Klimaanlage).

Die Elektrode. Die Maschine ist in einem Raum von 35 m Länge und 25 m Breite untergebracht. Dieser hat ein halbzylindrisches Dach von $R = 12{,}5$ m bei einer größten Höhe von 25 m. Für günstigste Ausnutzung dieses Raumes (Luftschiffhalle) sollte der Radius der Elektrode $r = R/2$ sein. Da jedoch das Hallendach ein Halbzylinder ist, ergab sich die beste Ausnutzung für $r = 5{,}1$ m. Nach einer graphischen Feldermittlung für verschiedene Elektrodenformen ergab sich eine geringste Felderhöhung um 10 % an der Eintrittsstelle der Trägersäulen bei einem Toroidradius von $r_T = 0{,}8$ m. Die Halterung der Kugel geschah mittels Chrom-Molybdän-Röhren, die in den Knotenpunkten autogen verschweißt waren. Das Gewicht der Kugel beträgt 5,5 t, ausschließlich der Inneneinrichtung und Verkleidung. Die Kugel ist mit Aluminiumfolie von 0,04 mm Dicke bezogen.

Isolierträgersäulen. Die Kugel wird von 3 Säulen von je 10 m Länge, die auf den Eckpunkten eines gleichseitigen Dreiecks von 3 m Seitenlänge aufgestellt sind, getragen. Die Säulen haben einen Durchmesser von 2 m. Sie bestehen aus je 5 Teilen zu 2 m Länge und besitzen eine Wandstärke von 1,8 cm; das Material ist Isolith (Isolith-Werke Moskau). Die Verbindung der einzelnen 2 m langen Stücke erfolgt mit Hilfe von Textolitbolzen, so daß die gesamte tragende Konstruktion vom Boden bis zur Hochspannungselektrode aus Isoliermaterial besteht. Die Isolierfähigkeit der Anlage konnte noch verbessert werden, indem sie lange Zeit bei 100° C getrocknet wurde.

Da bei großer Luftfeuchtigkeit die Transportbänder infolge ihrer Feuchtigkeitsaufnahme schlecht arbeiten, ist im Generator eine Klimaanlage eingebaut, so daß die Luft mit (1 — 9) m/s Geschwindigkeit im Kreislauf — Trockner — Erhitzer — Generator — durchgeblasen werden kann. Die Feuchtigkeit im Innern beträgt 40% bei 90% bis 95% im Raum.

Transportbänder und Stromzufuhr. Die Breite der Bänder beträgt etwa (90 bis 100) cm, die maximale Bandgeschwindigkeit 39 m/s. Den Walzen gegenüber sind Röhren angeordnet, die mit Spitzen versehen sind und das Auf- und Entladen besorgen. Im Innern der Kugel befindet sich eine zusätzliche Hochspannungsanlage, die bis 25 kV regelbar ist und die Umladung der Bänder bewerkstelligt. Von der theoretischen Ladungsdichte werden nach Vorversuchen (50 bis 65)% maximal erreicht. Der Grund dafür, daß nicht 100% erreicht werden, wird in Verlusten vermutet, die an der Trennungsstelle auftreten, an der sich das Band von der oberen Rolle abhebt. Hier soll ein elektrisches Feld entstehen, welches tangential zur Fläche des Bandes gerichtet ist. Dieses gibt Veranlassung zu Gleitentladungen längs der inneren Oberfläche des Bandes, diese wiederum sind Schuld daran, daß die Aufladung, die das aus der Elektrode laufende Band wegträgt, geschwächt wird. Da man den Grund kennt, will man in Kürze Bänder herausbringen, die 100% des theoretischen Wertes erreichen sollen. Die Erscheinung wird stärker, wenn der Durchmesser der Walze wächst. Bei Walzen von 20 cm Dmr. erhält man 60% der theoretischen Dichte, bei solchen von 10 cm Dmr. 90%. Für den vorliegenden Generator sind Rollen von 10 cm Dmr. verwandt worden. Hierbei wird als lästig empfunden, daß die Bänder sich gegenseitig anziehen und dazu neigen, aneinander kleben zu bleiben. Um diesen Effekt zu vermeiden, werden erstens die Bänder bis zur zulässigen Festigkeitsgrenze gespannt und zweitens die sechs endlosen Bänder, die in einer Säule installiert werden sollen (insgesamt also 18), so angeordnet, daß abwechselnd eine positive und eine negative Bandhälfte aufeinander folgen, so daß die Anziehungen gegenseitig aufgehoben werden, bis auf die beiden äußersten Bänder; bei diesen wird der Durchmesser der Walzen deshalb 20 cm gewählt.

Die Rollen bestehen aus hohlen Stahlwalzen, die außen und innen geschliffen und dynamisch gut ausgewuchtet sind. Die Achsen stehen fest. Die Lager ruhen auf Gummipuffern, die an der Tragkonstruktion befestigt sind.

Der Antrieb erfolgt mittels einer Gruppe von 12 Gleichstrommotoren von je 10 kW bei 220 V, die aus einem Leonardumformer von 120 kW gespeist werden. Wegen noch weitgehendster Drehzahlregelung ist jeder Motor mit Anlaßwiderstand und Feldregler ausgestattet. Jedes Transportband wird einzeln angetrieben.

Elektrische Angaben. Bei positiver Aufladung wird die Spannung begrenzt durch Entladungen zur Hallendecke, also Entladungen von (7 bis 10) m Länge. Selten finden Überschläge zum Boden statt. Bei negativer Aufladung treten keine Überschläge auf, jedoch starke Koronabildung nach irgendwie aus der Wand hervorragenden Gegenständen. Die Spannungsangabe erfolgt auf Grund der Anzeige eines Rotationsvoltmeters. Die

Bild 113. Ansicht der Gesamtanlage.

Spannung wird danach etwa (3,5 bis 4) Mill. Volt. Genaues Messen des Potentials soll erst möglich sein mit Hilfe magnetischer Ablenkung der beschleunigten Teilchen (Elektronen, Ionen verschiedener Masse).

Die Anlage soll Kernzertrümmerungsversuchen dienen. Das Entladungsrohr, das in der Mitte zwischen den 3 Trägerisolatoren aufgestellt ist, besteht aus 18 zusammengekitteten Porzellanzylindern und ist bisher bis 2,5 Mill. V ausprobiert worden.

Zur Zeit laufen erst 3 Bänder des Generators. Er wird nach Fertigstellung, wenn alle 18 Bänder eingebaut sind, und diese den allgemein als mittlere Dichte gefundenen Wert von $\sigma = 0{,}6 \cdot 2{,}65 \cdot 10^{-9}$ Cb/cm² aufweisen, mit etwa 20 mA und einer Spannung von ungefähr 4 Mill. V (also etwa 80 kW) das größte Bauwerk seiner Art darstellen. Eine Photographie der Anlage zeigt das Bild 113.

2. 5000 kV druckisolierter Bandgenerator der Westinghouse Electric and Manufacturing Company in Pittsburgh.

Das Bild 114 zeigt einen Querschnitt durch den Generator. Auf einem Traggerüst *a* ruht der birnenförmige Druckbehälter *b*; dieser

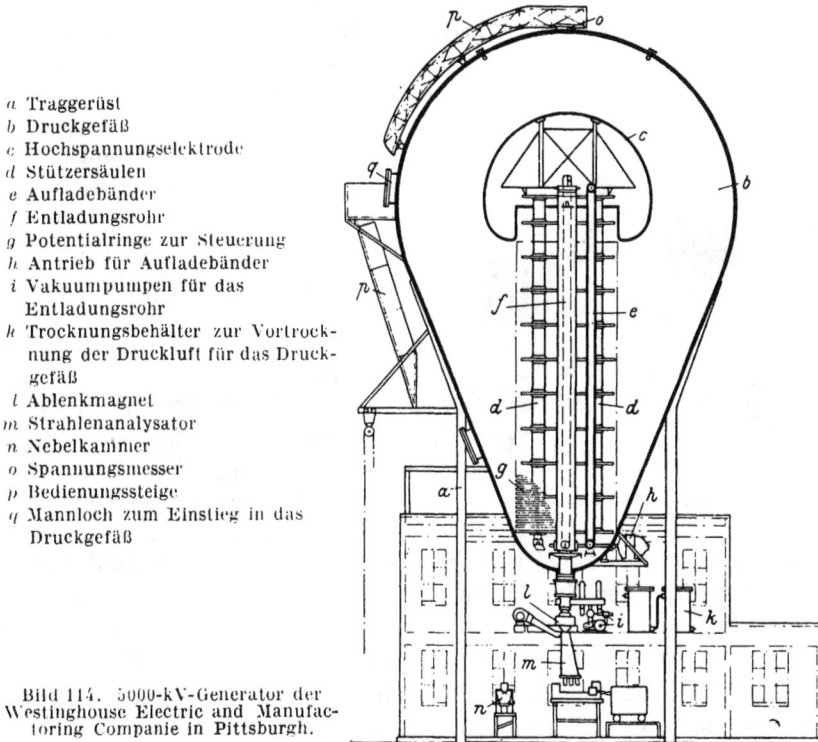

a Traggerüst
b Druckgefäß
c Hochspannungselektrode
d Stützersäulen
e Aufladebänder
f Entladungsrohr
g Potentialringe zur Steuerung
h Antrieb für Aufladebänder
i Vakuumpumpen für das Entladungsrohr
k Trocknungsbehälter zur Vortrocknung der Druckluft für das Druckgefäß
l Ablenkmagnet
m Strahlenanalysator
n Nebelkammer
o Spannungsmesser
p Bedienungssteige
q Mannloch zum Einstieg in das Druckgefäß

Bild 114. 5000-kV-Generator der Westinghouse Electric and Manufactoring Companie in Pittsburgh.

weist einen größten Durchmesser von 9 m bei einer größten Länge von 14 m auf. Der Durchmesser der Hochspannungselektrode *c* beträgt etwa 4,5 m. Sie wird von 4 Porzellanstützersäulen *d* getragen. Die beiden Transportbänder *e* (die mit einer Höchstgeschwindigkeit von 22 m/s betrieben werden können) das Entladungsrohr *f* und die Träger-, säulen *d* sitzen gemeinsam in einem Zylinderraum, der von den Potentialsteuerringen *g* gebildet wird. Das Entladungsrohr wird von den Vakuumpumpen *i* evakuiert. Die Trockentürme *k* dienen zur Vortrocknung der in das Druckgefäß bis zu 8 ata eingelassenen Luft. *l* ist ein Ablenkmagnet für die beschleunigten Teilchen, die im Strahlenanalysator *m* getrennt und in einer Nebelkammer n sichtbar gemacht werden. An der Stelle o befindet sich ein Rotationsvoltmeter. Außerdem ist noch ein schmaler Treibriemen zum Antrieb der Hilfsspannungsquellen (in der Elektrode) vorhanden. Der Generator sollte 1938 fertiggestellt werden. Bislang sind keine weiteren Einzelheiten bekannt geworden.

3. Generator in Round Hill; Massachusetts Institute of Technology von L. C. Van Atta, D. L. Northrup, C. M. Van Atta und R. J. Van de Graaff [8] und [18].

Einen Überblick über die Gesamtanlage gibt das Bild 115. Auch diese ist, wie die zuerst beschriebene Anlage in einer Luftschiffhalle untergebracht. Sie besteht aus zwei Elektrodentürmen, von denen der eine positiv, der andere negativ aufgeladen wird. Die Halle besitzt eine Länge von 42,7 m und eine Breite von 22,8 m. Die größte Höhe beträgt ebenfalls 22,8 m, während die wirksame, freie Höhe auf 18,3 m beschränkt ist.

Die Elektroden bestehen aus Aluminiumblech von 6,25 mm Dicke. Diese Hülle ist in Apfelsinenschalen-Teilen ausgetrieben und zur Kugel zusammengeschweißt. Die Oberfläche wurde abgeschmirgelt und poliert. Der Durchmesser der Kugeln beträgt 4,55 m. In den Kugelelektroden ist oben, wie aus dem Bild 116, das einen Schnitt durch eine Generatoreinheit zeigt, hervorgeht, ein Rotationsvoltmeter eingebaut.

Bild 115. Round-Hill-Generator.

Die Trägersäulen sind Textolitzylinder von 6,7 m Länge, 1,83 m Dmr. und 15,9 mm Wandstärke. Jeder Zylinder ist aus drei gleichlangen Stücken zusammengesetzt, deren Verbindung durch Textolitbolzen und -bänder erfolgte.

Die Bänder bestehen aus einem elektrischen Isolationspapier (Firma John A. Mannieg, Paper Co., Troy, NY.) von 0,43 mm Dicke und 1,17 m Breite. Diese sollen sich besser bewährt haben, als die vorher ausprobierten Bänder aus gummierter Seide (Luftschiff-Ballonstoff). Die Verbindungsstelle der Bänder ist um 45° gegen die Bandkante geneigt und mit einem Zelluloidlack geklebt. (Celluloid base belt cement oder Sea Lion Waterproof Belt Cement, der Chikago Belting Co., 113 North Green Street, Chikago 3.) Durch Dünnmachen der verklebten Bandenden wird erreicht, daß die Naht keinerlei Verdickung aufweist.

Die Rollen haben eine Länge von 1,27 m und einen Durchmesser von 15,3 cm. Als Rollenumläufe sind 3600 Umdr./min und 2800 Umdr./min vorgesehen. Diese entsprechen einer Bandgeschwindigkeit von 28,3 m/s und 23 m/s, daher beträgt die Flächengeschwindigkeit 70 m²/s u. 56,5 m²/s. Die Leistung zum Antrieb eines Bandes beträgt 4 kW bei der hohen, und 2 kW bei der niederen Geschwindigkeit; insgesamt also 16 kW bei hoher Geschwindigkeit im Leerlauf, bei voller Belastung steigt diese Leistung auf 26 kW. Jede Generatoreinheit ist auf einem stählernen Wagen aufgebaut (Bild 115). Beide sind gegeneinander auf einer Schiene beliebig verschiebbar, so daß zwischen sie ohne weiteres ein Entladungsrohr eingebaut werden kann. In diesen Wagen ist ein Rahmen, durch Gummipuffer isoliert, eingebaut; dieser trägt die Rollen. Zwischen dem Rahmen und dem Wagen liegt die für das Beladen der Bänder verantwortliche Erregerspannung.

Die Amplituden der beim Lauf des Generators auftretenden Vibrationen werden durch Isolation mit weichem Gummi

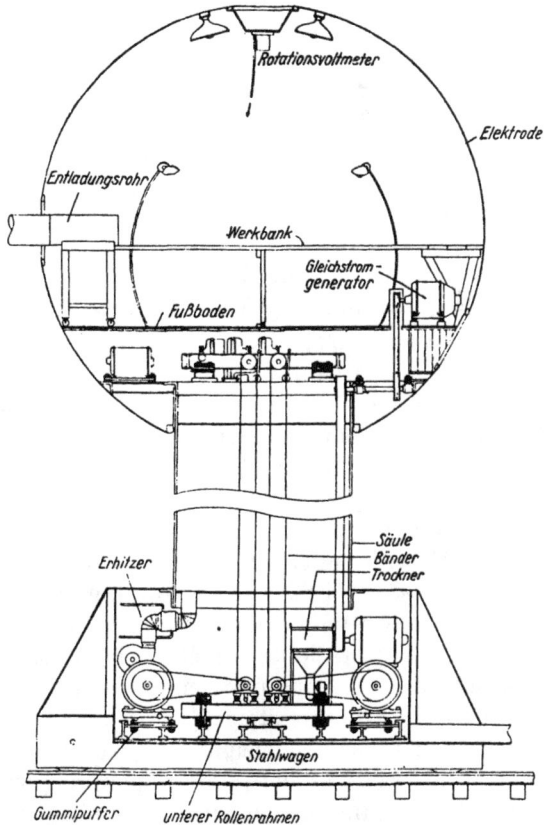

Bild 116. Querschnitt des Round-Hill-Generators.

oder mit Schwammgummi auf 0,05 mm reduziert. Die Räume innerhalb der Elektroden sind zum Aufenthalt von Menschen während des Arbeitens der Maschine zur Überwachung und Durchführung der Versuche gedacht. Wegen des Lärmes der umlaufenden Teile wurde der künstliche Fußboden mit 8 mm Gummischwamm belegt und die Metallwände mit 6 mm Filz ausgeschlagen.

Die Anlage befindet sich in einer Entfernung von nur etwa 300 m von der See und ist bei Flut fast ganz vom Wasser umgeben. Aus diesem Grunde ist naturgemäß der Feuchtigkeitsgehalt der Luft relativ hoch, er beträgt im Sommer durchschnittlich 84% und im Winter

74%. Um deshalb ein schlechtes und wetterabhängiges Arbeiten der Bänder zu vermeiden, ist eine Klimaanlage in jeden Generator eingebaut. Diese umfaßt einen Erhitzer von 4 kW, der die Temperatur im Innern ständig 10° C über der Umgebungstemperatur hält, außerdem eine Trockeneinrichtung, bestehend aus 3 Kübeln zu je 15 kg »Silica Gel«, über die die angewärmte Luft hinwegstreicht. Der Feuchtigkeitsgehalt der inneren Luft beträgt hernach nur 35% bei 100% im Außenraum. Der Ableitungswiderstand der Trägersäulen in diesem gut getrockneten Zustand ist nach Überziehen der äußeren Oberfläche mit »Ceresinwachs« größer als 10^{10} Ohm. In jeder Elektrode ist für Heizung und Licht ein 6-kW-Wechselstromgenerator installiert, der einen Sonderantrieb durch einen schmalen Gummiriemen besitzt. Ein 1-kW-Umformer liefert die Spannung für die Meßgeräte.

Dem Bandbeladungsvorgang ist außerordentliche Sorgfalt gewidmet worden, u. a. sind mehrere Schaltungen ausprobiert und zusätzliche Anordnungen und Regelanordnungen angebracht worden, die darauf hinauslaufen, Strom- und Spannungsschwankungen auszuschalten (s. S. 99). Das Aufsprühen geschieht aus einem Hochspannungsgleichrichtersatz von 20 kV, vermittels Sprühdrähten von 0,075 mm Dmr. aus hart gezogenen kohlenstoffhaltigem Stahldraht. Der Abstand des Sprühdrahtes von der oberen bzw. unteren Rolle beträgt 15 mm. Der ebenfalls 0,075 mm durchmesserhaltige Kollektordraht befindet sich in einem Metallzylinder von 7,5 cm Dmr., der mit dem Kollektordraht metallisch verbunden und für den Durchgang des Bandes in der Mitte geschlitzt ist (Bild 82). Die Spannung der Elektrode wird gesteuert bzw. eventuell auftretende Schwankungen dadurch ausgeregelt, daß die Anzeige eines Rotationsvoltmeters benutzt wird, die Erregerspannung des unteren Rahmens und seiner Rollen zu ändern. Mit der Erhöhung der Erregerspannung steigt die Ladungsdichte des Bandes, was ein Anwachsen der Elektrodenspannung zur Folge hat; umgekehrt veranlaßt eine Verkleinerung der Erregerspannung ein Absinken der Bandbeladungsdichte, die sich in einer Erniedrigung der Spannung bemerkbar macht. Die dann noch gemessenen Schwankungen der Spannungsamplitude sind kleiner als 0,1%. Die maximale Ladungsdichte erreicht mit $1,59 \cdot 10^{-9}$ Cb/cm² 60% der theoretischen Grenze bei einseitiger Beladung des Bandes.

Die höchste Spannung, bei der noch ohne Gefahr des Funkenüberschlags gearbeitet werden kann, beträgt 2,4 Mill. V bei der positiven Elektrode und 2,7 Mill. V bei der negativen; zusammen also 5,1 Mill. V; hierbei ist noch ein Strom von 1,1 mA wirksam. Steigt die Spannung eines Turmes über 1 Mill. V, so überwiegt der Strom durch Strahlungsverluste (Koronastrom) gegenüber dem Verluststrom längs der Säule abwärts; während unter 1 Mill. V dieser Ableitungsstrom den Hauptteil der Gesamtverluste ausmacht. Die 5,1 Mill. V

stehen als Beschleunigungsspannung für ein zwischen die beiden Türme gehängtes Entladungsrohr zur Verfügung. Versuche darüber sind nicht bekanntgeworden. Der Generator wurde 1937 abgebaut und in einpoliger Ausführung in dem Technologischen Institut der Uni-
versität Cambridge (USA.)
für positive Spannung wieder
aufgebaut (Bild 117).

4. Generator im Department
of Terrestrial Magnetism,
Carnegie Institution of
Washington von M. A.
Tuve, L. R. Hafstad
and O. Dahl [16].

Eine Ansicht dieses Ge-
nerators, einschließlich Beschleunigungsröhre und Auf-
stellungsraum liefert das Bild
118. Der Raum ist für den
Generator speziell errichtet.
Die Decke erhebt sich 8,5 m
über dem Fußboden, der die
Abmessungen 9,8 m × 11 m
besitzt. Der Hochspannungskörper wird von einem Drei-
fuß aus Textolit getragen. Die
Länge eines der »Beine« beträgt 3,3 m bei 15 cm Dmr.

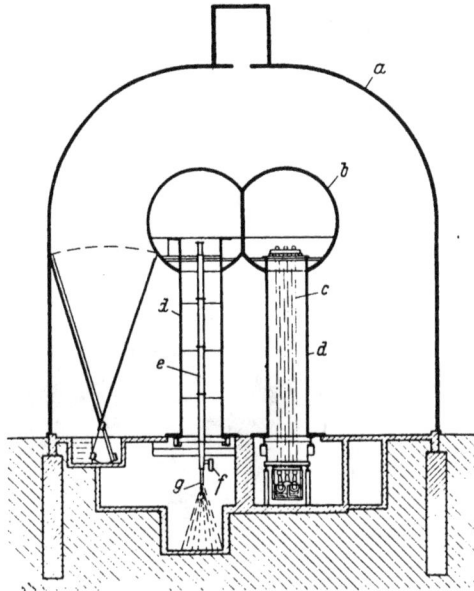

Bild 117. Einpoliger Aufbau des Round-Hill-Generators.

a Stahlgehäuse	d Isolierrohre
b Hochspannungselek-	e Entladungsrohr
trode	f Vakuumpumpe
c Aufladebänder	g Schirm.

Die freie Entfernung von der äußeren Schale zu den nächsten von der Wand heranreichenden Gegenstände beläuft sich auf 2,4 m. Das Beschleunigungsrohr ist als Kaskadentyp ausgeführt mit 13 Stufen außerhalb der äußeren Elektrode und zwei Stufen zwischen beiden Elektroden. Es führt senkrecht nach unten. Die Ablenk- und Beobachtungseinrichtungen, sowie die Pumpe zur Evakuierung befinden sich unterhalb des Fußbodens in dem Keller-geschoß. Es ist beabsichtigt, den Raum mit einer Klimaanlage aus-zustatten, um ein vernünftiges Arbeiten der Maschine auch bei größerer Feuchtigkeit zu gewährleisten.

Die Elektrode, deren innere Konstruktion nebst Rollen, Abneh-mervorrichtung, Ionenquelle und Kontrolleinrichtung, ist aus Bild 119 ersichtlich. Bei der Ausführung des Hochspannungskörpers ist von der früher besprochenen Tatsache Gebrauch gemacht worden, durch Ineinanderschachteln von mehreren Elektroden, eine höhere Spannung zur Beschleunigung der Teilchen zur Verfügung zu haben, als die äußerste

Schale gegen Erde maximal erreichen kann. Die äußere Elektrodenschale hat einen Durchmesser von 2 m. Die beiden Halbkugeln sind durch ein kurzes zylindrisches Zwischenstück verbunden, an welcher Stelle die beiden Bänder von rechts und links fast horizontal in die Elektrode einmünden. Die innere Elektrode ist konzentrisch zur äußeren

Bild 118. Generator von M. A. Tuve, L. R. Hafstad und O. Dahl mit Entladungsrohr.

angebracht und besitzt einen Durchmesser von 1 m. An der Einführungsstelle der Füße in die Elektrode ist sie nach innen eingezogen und innerhalb des Fußes durch eine Metallscheibe fortgesetzt. Diese Konstruktion soll sich besser bewähren, als ein 30 cm oder 50 cm großes Loch der Elektrode für einen einzigen Träger. Trotzdem treten ab 1200 kV starke Entladungen längs der Oberfläche der Füße nach der Erde auf.

Die Spannung zwischen innerer und äußerer Elektrode ist radikal begrenzt durch Funken längs des Bandes zwischen den Elektroden. Die Spannung zwischen ihnen wird auf dem konstanten Wert von 80 kV gehalten und kontrolliert durch eine regelbare Sprühvorrichtung an den beiden Zwischenabschnitten der Beschleunigungsröhre (vgl. Bild 119). Die Fokussierung des Ionenstrahles ist deshalb gewissen Schwierigkeiten unterworfen. Die Verfasser empfehlen die Zweischalenbauweise nicht.

Die Rollen bestehen aus Textolitzylindern, haben einen Durchmesser von 20,15 cm bei 12,5 mm Wandstärke und eine Länge von 55 cm. Sie sind an den Enden auf Bakelitscheiben und diese auf Stahlwellen von 36 mm Dmr. aufgesetzt. Die Überhöhung der Rollenmitte gegenüber dem Rollenende beträgt 0,75 cm, doch erscheint diese unnötig. Die maximale Drehzahl beträgt 3600 U/min.

Die Bänder werden aus demselben Material hergestellt, wie die des Round-Hill-Generators, nämlich aus »elektrischem Papierband« von 0,43 mm Dicke, 48 cm Breite und 21 m endloser Länge. Die ursprünglichen Vorversuche mit gummiertem Seidenband fielen zur Zufriedenheit aus, jedoch konnte dieses Material, da es in der vorliegenden Größe nicht hergestellt wird, nicht verwendet werden. Das Band, das aus vier arbeitenden Teilen besteht, ist aus einem einzigen endlosen Stück und läuft nur durch den Hohlkörper hindurch, wird aber in ihm nicht umgelenkt. Die Aus-

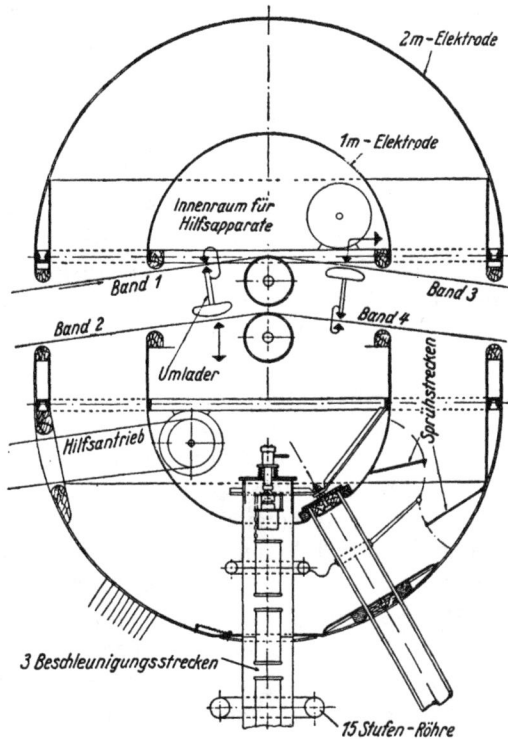

Bild 119. Querschnitt durch den Generator.

führung hat sich nicht bewährt, da die Rollen in dem Hochspannungskörper genau senkrecht zur Laufrichtung des Bandes stehen müssen, wenn dieses nicht ständig herunterlaufen soll. Die Einstellung ist so schwierig, daß die Anordnung in eine mit zwei getrennten Bändern geändert werden soll.

Die Verbindungsstelle des ursprünglichen Ballonstoffbandes war einfach genäht und geklebt und hat sich gut bewährt. An dem Papierband sind verschiedene Klebemittel ausprobiert worden. Ausgeführt sind sie mit einer 45°-Naht ohne Verdickung. Die Lebensdauer des

Bandes ist nur begrenzt durch die Verbindungsstelle an der rauhe,
Flecken entstehen, die durch Funken verursacht werden. Eine gewisse
Verbesserung wird erhalten durch Überziehen der Stelle mit »Viktron
Varnish«. (Dielectric Products Corporation, 63 Park Row, New York
City). Die Papierbänder verhalten sich bei Feuchtigkeit unangenehmer
als die früher probierten Ballonstoffbänder, da sie an der Oberfläche
viel Feuchtigkeit adsorbieren. Aus diesem Grunde läuft das Band vor
dem eigentlichen Versuch 2 h über einen 10-kW-Erhitzer. Im allgemeinen
hält diese Trocknung für ein bis zwei Tage vor. Ein Behandeln des
Bandes mit Bienenwachs, Geigenharz, Paraffin oder Zeresinwachs macht
es nicht brauchbarer; im Gegenteil neigt nach einer solchen Behandlung
das Band zum Gleiten. Jedoch bringt ein Erhitzen des Bandes in
»Victron-Varnish« ein Optimum des Arbeitens des Bandes mit einer
Beladungsdichte von $2{,}01 \cdot 10^{-9}$ As/cm² (entsprechend einem Strom
von 750 μA), während der Wert der Dichte bei einem nicht präpa-
rierten Bande gar auf $1{,}67 \cdot 10^{-9}$ As/cm² (Ladestrom 620 μA) herunter-
geht. Das sind Werte, die als ausgesprochen schlecht anzusprechen
sind. Die Werte für Ballonstoff bei den Vorversuchen lagen etwa bei
$\sigma = 2{,}65 \cdot 10^{-9}$ As/cm², man hatte daher einen Ladestrom von 1 mA
erwartet.

Das Beladen der Bänder geschieht aus einem regelbaren 40-kV-
Gleichrichtersatz, der von dem Beobachtungsfenster des Entladungsrohres aus zur Änderung der Bandbeladungsdichte geregelt werden
kann. Innerhalb der Elektrode sind die bekannten sog. »Verdoppler-
einheiten« (Umladevorrichtung) angebracht, die die Umladung des
Bandes bewerkstelligen, d. h. das Band mit Ladung entgegengesetzten
Vorzeichens aus der Elektrode entlassen.

Die Spannung des Hochspannungskörpers wird auf verschiedene
Arten, die kritisch untereinander verglichen werden, gemessen. Zunächst
wird die Anzeige eines Rotationsvoltmeters mit den Werten, die eine
Kugelfunkenstrecke liefert, verglichen und große Abweichungen zwischen ihnen festgestellt. Dann wird die Spannung gemessen mit Hilfe
der Reichweite der beschleunigten Protonen und Deuteronen, die durch
ein Lenardfenster in Luft austreten. Hierbei wird die Länge des purpur
gefärbten Protonen- oder Deuteronenstrahles entweder visuell oder
durch eine flache Ionisationskammer (1 mm tief mit Goldblattfenster),
die mit einem Fadenelektrometer verbunden ist, gemessen. Ein Zittern
am Ende des Stahles in der Längsrichtung weist auf ein Schwanken
der Spannung, z. B. im Rhythmus des Durchganges der Nahtstelle des
Bandes, durch die Elektrode hin. Hierbei kann man gleichzeitig sehen,
wie im Dunkeln bei jedem Durchgang Koronasprühen von den Kanten
der Bandlöcher auf das Band und in den Raum auftritt. Dieser Effekt
tritt besonders bei der Maximalspannung von etwa 1300 kV auf. Regelt
man die Spannung herunter, so merkt man an der Beruhigung des Ionen-

strahles, daß die Spannungsschwankungen, die unter ungünstigen Verhältnissen 10% ausmachen können, zurückgehen. Bei diesem Regelvorgang wird die Feststellung gemacht, daß die Verringerung des totalen Ladestromes auf $^1/_3$ nur eine Spannungssenkung von 200 kV zur Folge hat, wenn nicht besonders für einen großen Ableitungsstrom gesorgt wird. Dieser Ableitungsstrom kann z. B. auf der Oberfläche des Bleiglases des Entladungsrohres (Röntgenstrahlenschutz) fließen, die eine Schicht von Oberflächenfeuchtigkeit adsorbiert, wenn die Raumfeuchtigkeit über 50 bis 60% steigt. In diesem Zustand bildet die Röhre einen direkten Kurzschluß für den Generator, da ihr Widerstand auf einige Megohm sinkt. Abhilfe geschieht durch Bestreichen mit »Victron Varnish«. Die Spannung wird weiterhin begrenzt durch schwere Entladungen längs der Bänder bei größerer Feuchtigkeit, auf 700 bis 800 kV. Die Unstimmigkeiten der Spannungsanzeigen werden dadurch erklärt, daß die Anzeigen von Kugelfunkenstrecke und Rotationsvoltmeter, als mit Fehlern durch Raumladung und Koronaeinflüsse behaftet, angesehen werden. Die Abweichungen betragen bis zu 30%. Es wird angekündigt, mit der Spannungsmessung durch Reichweitenbestimmung eine neue Eichkurve für die Kugelfunkenstrecke aufzustellen.

· Nach späteren Messungen mit einem Widerstand von 10000 Megohm werden diese Werte bestätigt. Um ganz sicher zu sein werden die Werte nochmals dadurch überprüft, daß man bei magnetischer Ablenkung der Teilchen das »Zurdeckungkommen« der Lage des Punktes der Masse 2 (Deuteron) z. B. bei 800 kV mit dem Punkt der Masse 1 (Proton) bei 400 kV beobachtet.

Nach den neuesten Angaben werden wieder Ballonstoffbänder verwendet, wobei ein Ladestrom von 6 μA/cm Bandbreite oder 12 μA/cm für ein- und austretendes Band erreicht wird, was bei der benutzten Geschwindigkeit von 36,7 m/s dem früher gefundenen Wert der Ladungsdichte von $1,7 \cdot 10^{-9}$ Cb/cm^2 gleichkommt.

5. Generator unter hohem Luftdruck in der Universität Wisconsin (USA.) von R. G. Herb, D. B. Parkinson, D. W. Kerst, E. J. Bernet and J. L. McKibben [13c].

Dieser Generator gehört zu den ersten, die in Preßgas arbeiten. Die fortschreitende Verbesserung und die einzelnen Entwicklungsstadien dieser Maschine in den Jahren 1935 bis 1938 zeigt das Bild 92a bis c. Bild 92a stellt die erste Ausführung einer solchen Maschine dar. Hier wurde versucht, zur Erlangung höherer Spannungen den Stahltank, in dem sich die Anordnung — Ladungsbänder, Hochspannungselektrode, Entladungsrohr — befindet, zu evakuieren. Dieser Versuch mißlang. Das erreichbare Vakuum ließ nur eine maximale Spannung von 250 kV zu. Die Anordnung mußte also dahingehend geändert werden, daß der Stahlkessel nicht evakuiert, sondern mit Preßluft gefüllt wurde. Nach dieser Änderung stieg die maximale Spannung auf 750 kV, konnte aber trotz weiterer Steigerung des Preßgasdruckes von etwa 2 atü auf 3 atü nicht mehr erhöht werden, da durch Auftreten von Gleitfunken längs der Bänder eine Grenze gesetzt wurde. Das kurze Entladungsrohr selbst zeigte schon starke Entladungen bei 400 kV, so daß dieses die gewöhnliche Gebrauchsgrenze darstellt. Eine neue verlängerte und auch in sonstiger Hinsicht verbesserte Anlage wurde erstellt. Hierbei war von dem Gedanken ausgegangen, die Anordnung — Bandsystem, Hochspannungselektrode, Beschleunigungsrohr — so in einen zylindrischen Tank einzubauen, daß jeder dieser drei Teile die volle Spannung, für die der Generator geplant ist, gegen die Kesselwandung aushält. Dieses Problem scheint den Autoren am besten lösbar durch eine Anordnung, wie sie Bild 92b zeigt. Ein leitender Zylinder, der die Hochspannungselektrode darstellt, ist auf beiden Enden fortgesetzt durch Zylinder von hohem

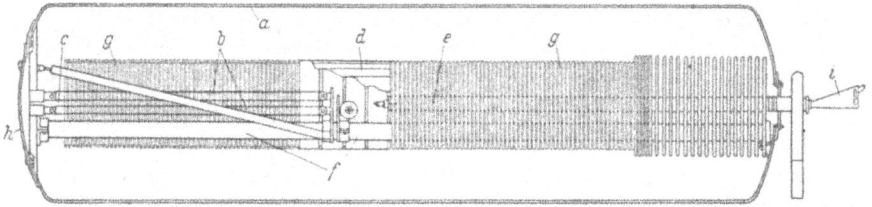

Bild 120. Vollständiges Schema des druckisolierten Generators.

a Druckbehälter	d Hochspannungselektrode	g Aluminiumringe
b Ladebänder	e Entladungsrohr	h Mannloch
c Aufbringen der Ladung	f Isolierrohr	i Strahlungsanalysator.

Widerstandsmaterial, längs welchen ein dauernder Verluststrom zur Erde fließt, so daß ein stetiger Abfall des Potentials nach den Enden zu eintritt. Wenn eine solche Anordnung physikalisch realisierbar ist, dann wird sich eine Durchbruchspannung zwischen Zylinder und Kesselwand einstellen, die der zwischen zwei Zylindern von unendlicher Länge möglichen sehr nahe kommt. Da jedoch Zylinder von hohem Widerstandsmaterial für solchen Gebrauch sehr unpraktisch sein würden, ist eine Anordnung vorgesehen, wie sie in Bild 92c abgebildet ist. Diese leitenden Reifen sind gegeneinander isoliert, jedoch fließt von einem zum andern ein kleiner Strom, der noch verstärkt und geregelt werden kann durch ein System von Sprühspitzen, mit dem die Ringe versehen sind. Jeder dieser Aluminiumringe trägt nämlich eine Metallspitze, die in 13 mm Abstand einer Platte am nächsten Ring gegenübersteht, wobei die Spitze der Platte gegenüber wieder negativ geladen ist. Es entsteht in Richtung Spitze—Platte ein schwacher Glimmstrom, der zwischen den Ringen etwa immer den gleichen Spannungsabfall hervorruft. Bei diesem Aufbau wird also das höchste Potential an der Hauptelektrode liegen und nach beiden Seiten durch eine diskrete Anzahl von

Stufen abfallen und an beiden Enden des umschließenden Tanks Erdpotential annehmen. Die ausgeführte Anlage ist in Bild 120 wiedergegeben.

Der Kessel hat eine Länge von 6 m, einen Durchmesser von 1,7 m
und kann mit Preßgas max. bis 7 at gefüllt werden. Bei h ist ein Mannloch, durch das ein Beobachter einsteigen und die Justierung und den
Einbau der Einzelteile vornehmen kann. Das Verhältnis von Tank-
radius R zum Radius r des Elektrodenzylinders E wird in der Nähe von
e (Basis der natürl. Logarithmen) gewählt ($r = 38$ cm), um möglichst
die optimale Durchbruchsspannung zu erhalten. Die gesamte innere
Konstruktion wird getragen durch die starre, durchgehende Textolitsäule f von 15,5 cm äußerem Durchmesser und 6 mm Wandstärke. Sie
wird noch unterstützt durch zwei im Abstand von 41 cm parallel laufenden Textolitsäulen von 6,5 cm Dmr. außen und 6 mm Wandstärke, die
in der Hochspannungselektrode beiderseits von f und erdseitig an einem
Winkeleisen der Kesselwand befestigt sind.

Um der Gefahr zu entgehen, daß Funkenüberschlag von Sprühreifen zu Sprühreifen eintritt, ist unter Berücksichtigung nur des
axialen Feldes (bei maximal 3 MV Generatorspannung) errechnet, daß
der Zwischenraum zwischen den Reifen die Hälfte des Aluminiumrohr-
durchmessers, aus dem sie bestehen, beträgt. Das gezogene, halbharte
Aluminiumrohr hat einen Durchmesser von 17,5 mm außen und 0,9 mm
Wandstärke, ist genau kreisförmig gebogen und mit Aluminiumlot
zusammengelötet. Der freie Abstand der Reifen ist 14 mm gewählt.

Die beiden **Ladungsbänder** von je 32 cm Breite bestanden ursprünglich aus »Windelgummi« von 0,6 mm Dicke, wie sie in Kranken-
häusern gebraucht werden. An der Nahtstelle waren sie zusammenvulkanisiert. Diese Gummibänder arbeiteten durchaus zufriedenstellend,
wurden jedoch, wenn sie nicht vollständig getrocknet waren, durch
Gleitfunken an ihrer Oberfläche aufgerissen. Aus diesem Grunde ist
zu Bändern aus Ballonstoff, das sind solche aus gummiertem Baumwollband, von sehr dichtem Gewebe, übergegangen. Die Bandgeschwindigkeit beträgt etwa 14 m/s. Die Rollen für die Bänder sind aus Stahl-
rohren von 7,6 cm Dmr. und 35,6 cm Länge. Sie sind nicht ballig gedreht, haben aber eine 1°-Zuspitzung an den Enden, auf eine Länge
von 13 mm. Ein 1-PS-Gleichstrommotor für jedes Band sorgt für eine
Drehzahl von 3600 U/min.

Das Bandbeladungssystem weist keine Besonderheiten auf. Es
wird allerdings die Erfahrung gemacht, daß unter Druck die Sprühfähigkeit von Sprühdrähten nicht ausreicht, um das Band ordentlich
zu beladen. Sie werden deshalb durch Reihen von Sprühspitzen ersetzt. In der Hochspannungselektrode sind 2 Reihen von Sprühspitzen
angebracht mit einer Influenzplatte (Verdoppler); an der von einem

3-kV-Gleichrichtersatz gespeisten Aufsprühstelle nur eine Reihe, an welcher die geerdete, antreibende Rolle als Influenzplatte dient.

Die Spannung wird in gewohnter Weise durch ein Rotationsvoltmeter in Scheibenausführung, das in einem Rohransatz in der Nähe von d untergebracht ist, gemessen. Die anfänglich für kurze Zeit erreichbare Spannung beträgt 2500 kV, jedoch reduziert sie sich nach einiger Zeit auf 2150 kV. (Wahrscheinlich infolge langsamer Verschlechterung der Isolationsteile durch Einwirkung von anhaftender Feuchtigkeit und Schmutz.) Die gewöhnliche Arbeitsspannung beträgt (hervorgerufen durch Einsetzen von Gleitfunken längs des 2,1 m langen Textolitrohres), nur 1700 kV, wohingegen die radiale Entfernung von der Hochspannungselektrode zur Tankwand von nur 46 cm keine Störung verursacht. Spannungsmeßkontrollen wurden durch Aufnahme der Resonanzstelle von Gammastrahlung bei Beschießung von Lithium durch Protonen ausgeführt. Weitere Kontrollen wurden noch durch den wechselweisen Gebrauch von leichtem und schwerem Wasserstoff bei der Ablenkung im Magnetfeld vorgenommen. Die Voltmeter-Eichkurve wurde als Gerade über dem ganzen Spannungsbereich gefunden.

Hochfrequente Spannungsschwankungen konnten infolge der Trägheit der Anzeigegeräte nicht festgestellt werden. Eine periodische Spannungsschwankung, deren Amplitude 0,5 % beträgt, wurde ermittelt. Ihre Frequenz ist dieselbe, wie die des laufenden Bandes.

Zur weiteren Steigerung der Spannung wird das Verhalten des Generators bei der Benutzung von Tetrachlorkohlenstoff (CCl_4) und Dichlordifluormethan (CCl_2F_2) studiert. Bei geringer Konzentration an solchen Stoffen kann die Durchbruchfeldstärke außerordentlich ansteigen und bei CCl_2F_2 das Dreifache betragen. Es ist möglich, die Arbeitsspannung von 2,1 MV auf 2,4 MV zu steigern. Bei Verdampfen von größeren Mengen (z. B. 4 kg CCl_4) im Tank, was einen Dampfdruck von 3,3 Hg-Säule ergibt, entsprechend etwa 33 % des Sättigungsdruckes, treten Gleitentladungen längs der Kontrollregulierschnüre auf, die durch Imprägnieren mit Teer beseitigt werden. Bleibt das CCl_4 einige Tage im Kessel stehen, so werden die Ladungsbänder und Textolitröhren leitend. Bei Gebrauch von CCl_2F_2 in größerer Konzentration (Verdampfung von 5 kg im Tank) ist die Spannung begrenzt durch Gleitfunken längs der Ladungsbänder. Allgemein geht die Erfahrung dahin, daß diese Mittel zwar die Durchbruchspannung des Gases vergrößern, dagegen die Gleitfunkenspannung längs der Isolatoren verkleinern.

Der Generator besitzt außerdem eine automatische Regelung zur Konstanthaltung der Spannung auf 0,5 % in der Weise, daß einem Absinken der Spannung ein stärkeres Belegen der Ladungsbänder entgegenarbeitet. Ein von der Elektrode zu einer ihr gegenüber angebrachten Spitze fließender Glimmstrom, der alle Schwankungen der Spannung mitmacht, steuert einen zweistufigen Verstärker, dessen Endstufe einen Transformator speist, der vor den Erregerumspanner geschaltet ist (Bild 98b), dieser liefert über ein Glühventil die Aufsprühspannung. Sinkt die Spannung, und damit der Glimmstrom, so öffnet sich der Verstärker und läßt damit die Aufsprühspannung steigen und umgekehrt.

Der Ladestrom ist auf 200 μA begrenzt, was einer Beladungsdichte von $\sigma = 2{,}2 \cdot 10^{-9}$ As/cm² entspricht. Bei höheren Werten des Ladestromes treten längs der Bänder schwere Gleitfunkenentladungen auf. Die Begrenzung des Stromes bedeutet keine Beeinträchtigung für das Arbeiten mit dem Generator, da die verwendete Art von Entladungsröhren für positive Ionen keine höheren Ströme erfordern, jedoch müßte bei dem Betrieb einer Röntgenröhre, die Ströme in der Größenordnung von Milliampere benötigt, eine Neuentwicklung des Generators einsetzen.

6. Druckisolierter Generator zum Betrieb einer Röntgenröhre im Institut für Technologie in Massachusetts, von J. G. Trump und J. J. Van De Graaff [13d].

Einen Querschnitt durch die Gesamtanlage zeigt das Bild 121. Der Generator und die Beschleunigungsröhre sind in einen senkrecht stehenden zylindrischen Stahltank von 86,5 cm innerem Durchmesser und 2,54 m Länge eingebaut. Er ist in drei Teile unterteilt, von denen die oberen beiden vollkommen beweglich sind, um den Einbau der Apparatur vorzunehmen.

Die Elektrode hat einen Durchmesser von 64 cm und eine größte Höhe von 48,3 cm. Sie besteht aus gesponnenem Messingnetz, das auf Messinggußgerippe aufgezogen ist. Die Entfernung von der Elektrode zur Tankwand beträgt 12,7 cm an der Seite und 17,8 cm an der Spitze. Die Hochspannungselektrode wird von 3 Textolitsäulen getragen, die aus einer Reihe von gewellten Textolitscheiben von 7,6 cm Dmr. aufgebaut sind. Diese Scheiben sind getrennt durch dünne Messingbleche, die quer über die Säule reichen und so eine Folge definierter, flacher Leiteroberflächen von der Hochspannungselektrode zur Erde bilden. Jedes Querblech trägt an dem äußeren Umfang einen Messingreifen von 19 mm Röhrendurchmesser, so daß eine glatte äußere Säulenoberfläche entsteht. Das totale Potential der Elektrode ist durch die Querbleche, die mit einem Spiral-Hochohmwiderstand von insgesamt 400 MΩ verbunden sind, gleichmäßig unterteilt. Die Länge dieser Säule ist 127 cm, wovon 102 cm reine Isolationsstrecke ist.

Die Ladung wird durch ein Band von 35,5 cm Breite aus 3fach verklebtem Gummi transportiert. Die Bandgeschwindigkeit beträgt 25,4 m/s bei 3450 U/min der Rolle. Unten wird negative Ladung aus einem 40-kV-Gleichrichtersatz mit Sprühspitzen aufgesprüht, die die Rolle als Gegenelektrode benutzen. In der Hochspannungselektrode wird die Ladung durch Sprühkämme abgenommen und die obere Rolle auf ein solches Potential relativ zur Elektrode gebracht, daß ein zweiter Spitzenkamm etwa die entgegengesetzt gleiche Ladung auf das ablau-

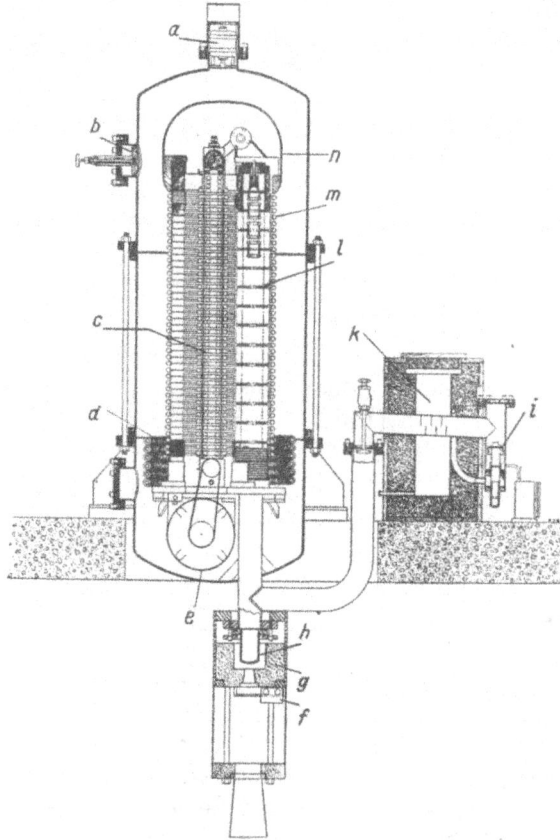

Bild 121. Druckisolierter Generator zum Betrieb einer Röntgenröhre.

a — Rotationsvoltmeter,	f automatischer Verschluß,	l Röntgenröhre.
b Versuchsfunkenstrecke,	g Strahlenschutz,	m — Äquipotentialringe.
c — Band.	h Antikathode,	n Hochspannungselek-
d — Kühlschlange,	i Hg-Diffusionpumpe,	trode.
e — Antriebsmotor,	k Trockeneisfüllung,	

fende Band aufsprüht. Das Band ist in einer Horizontalebene verschieden weit von den Äquipotentialringen entfernt, daher ist es über seine Breite in einer Horizontalebene unterschiedlichen Potentialen ausgesetzt. Um hier einen Ausgleich herbeizuführen, werden, wie das Bild 95 zeigt, metallische Röhren, die mit den Säulenringen verbunden sind, parallel und horizontal zu jeder Bandhälftenoberfläche angeordnet.

Durch diese Maßnahme gelingt es, die erwarteten höheren Dichten auf dem Band bei Arbeiten mit Druckgas tatsächlich zu erreichen (Strom fast 2 mA). Dieses wird verifiziert, sowohl für Luft, als auch für Freon (CCl_2F_2); jedoch liegen die erhaltenen Werte für anwachsenden Strom bzw. steigende Spannung für Freon etwa 3 mal so hoch wie für Luft bei gleichem Druck.

Die Beschleunigungsröhre ist hier eine Röntgenröhre, die wie die anderen bisher auch nach dem Kaskadenprinzip aufgebaut ist.

Sie besteht aus 16 senkrecht aufeinandergesetzten Porzellanzylindern, die innen und außen gewellt sind. Außer den ersten 3 Beschleunigungsstufen bestehen die Beschleunigungselektroden aus flachen Metallscheiben mit einer großen Bohrung in der Mitte. Diese Bauweise erlaubt höhere Pumpgeschwindigkeit zum Evakuieren der Röhre und außerdem eine leichtere Zentrierung des Elektronenbrennflecks auf der Antikathode. Die Größe des Brennflecks schwankt zwischen 9 und 25 mm Dmr. bei 200 bis 1250 kV Brennspannung.

7. Generator im Physikalischen Institut der Technischen Hochschule Danzig von U. Neubert [6].

Dieser Generator ist mit dem Ziel gebaut, den Raum, in welchem die Ladungstransportbänder laufen, mit Preßgas zu füllen, um auf diese Weise auf ihnen erhöhte Ladungsdichte zu erhalten. Es sollte erprobt werden, ob damit eine größere als normale Stromlieferung erzielt werden konnte, um ohne Schwierigkeiten den Betrieb eines Entladungsrohres sicherzustellen. Hierbei mußte aus Sparsamkeitsgründen von vornherein auf ein Aufsprühen der Ladungen aus einem Hochspannungsgleichrichtersatz von einigen 10 kV verzichtet werden. Außerdem sollte die Hochspannungselektrode nicht in dem Preßgasgefäß enthalten sein, da dann die Dimensionen des Druckgefäßes und damit die Kosten des Baues sofort beträchtlich steigen würden.

Die konstruktive Ausführung des Generators ist aus Bild 89 zu entnehmen. Der größte Radius der Hochspannungselektrode ist 52,5 cm. Der Toroidradius des eingezogenen Teiles, der zur Vermeidung von Gleitfunken längs der Trägersäule vorgesehen ist, beträgt 31,5 cm. Die Elektrode ist in Leichtbauweise ausgeführt, d. h. ein Sperrholzgerippe trägt die in »Apfelsinenschalenform« ausgetriebenen Stücke aus 1 mm starkem Aluminiumblech. Als Träger der Elektrode und sogleich als Druckgefäß (maximaler Druck 7 atü) dient die Pertinaxsäule mit den Abmessungen 270 × 340 mm Dmr. und 1800 mm Länge. Dieselbe ist an beiden Enden durch je einen Eisenkasten druckdicht abgeschlossen, von denen jeder wiederum für sich durch Eisendeckel druckdicht verschließbar ist. An dem unteren Kasten sind 4 Füße, die die Maschine tragen, angeschweißt. In dem oberen Kasten sind die »Erregerrollen« — das sind Rollen aus dielektrischem Stoff — und die oberen Abnehmer für jedes Band untergebracht; außerdem ist eine Vorrichtung zum Spannen der Bänder vorhanden. Auf dem Deckel des unteren Kastens sind die Antriebmotore, die als Drehstromaußenläufermotore ausgebildet sind, aufmontiert. Das Bild 122 zeigt die Konstruktion im ausgebauten Zustand mit einem aufgelegten Band. Die Drähte sind druckdicht durch den Deckel geführt und münden in die Achsen des feststehenden inneren Teils der Motore. Die Aufsprühvor-

Bild 122. Außenläufermotoren im Innern des Druckkörpers mit einem aufgelegten Band.

richtung befindet sich zwischen den beiden in der Mitte gemeinsam aufwärtslaufenden Bändern und ist nach jeder Seite mit einer Doppelreihe von Sprühspitzen (Grammophonnadeln) versehen. Die beiden Bänder, die eine Breite von je 19 cm haben, und mit einer regelbaren Geschwindigkeit von 9 bis 11 m/s laufen, bestehen aus 1 mm dickem Gummi und sind mit einer einfachen vulkanisierten Quernaht versehen. Die Dehnung und starke Abnutzung des Gummis erweist sich als äußerst lästig und verhindert eine Übertragung größerer Leistung, deren die Maschine sonst fähig wäre, aber infolge beginnenden Gleitens der Bänder nicht aufzubringen vermag. W ist ein Hochspannungsableitungswiderstand von $2 \cdot 10^{10}\ \Omega$, der aus 800 Siemens-Carbowid-Widerständen von je 25 MΩ besteht, die auf ein Gitter von Galalithstäben zu einer Spirale von 2 m Länge aufgewickelt sind. Er dient zur Messung der Spannung und zum Vergleich der Anzeige eines Rotationsvoltmeters.

Der Generator erreicht eine Spannung von 750 kV in Luft und 950 kV bei Anwesenheit von CCl$_4$-Dämpfen. Der Strom beträgt bei Normaldruck von 1 at 110 μA; er steigt proportional dem Druck bis auf 350 μA bei 3,5 at. Dann tritt Gleiten der Bänder ein, das eine weitere Steigerung verhindert. Die Ladungsdichten auf dem Band steigen entsprechend von $1,47 \cdot 10^{-9}$ Cb/cm² auf $5,16 \cdot 10^{-9}$ Cb/cm².

8. Generator in der Universität Cambridge (USA.) von I. A. Getting, J. B. Fisk und H. G. Vogt [10].

Ein Querschnitt des Generators ist in dem Bild 123 wiedergegeben. Als besonderes Kennzeichen ist für diese Maschine das Ineinanderschachteln der Ladungstransportbänder anzugeben. Damit wird die in Kapitel 23 schon besprochene Wirkung erzielt, daß infolge des wechselseitigen Aufhebens der Feldstärke auf den Bändern größere Dichten möglich sind. Genaue Abmaße der Konstruktion fehlen. Die Gesamthöhe beträgt etwa 2,5 m, der äußere Durchmesser der Textolitträgersäule 35 cm, deren Wandstärke 4,8 mm. Die Elektrode ist an der Mündungsstelle der Trägersäule zur Vermeidung gefährlicher, tangentialer Feldstärkenkomponenten längs des Trägers nach innen eingebogen (toroidal). Dieser Träger ist Gegenstand einer eingehenden Vorbehandlung, da sich der Bakelitlack, der als Bindemittel des Textolites verwendet war, als sehr hygroskopisch erwies, und der Träger nicht den erforderlichen Isolationswiderstand (Größenordnung 10^{11} Ω) besitzt. Die Textolitsäule wird von Fett und Schmutz befreit und dann 48 h lang auf 110° C erwärmt; hernach zweimal mit Gyptallack Nr. 1202 innen und außen in einem zeitlichen Abstand von 4 h überstrichen. Zum Schluß wird die Säule noch im warmen Zustande mit einer dünnen Schicht Keresinwachs überzogen. Der Widerstand ist dann größer als 10^{13} Ω bei Zimmertemperatur festgestellt.

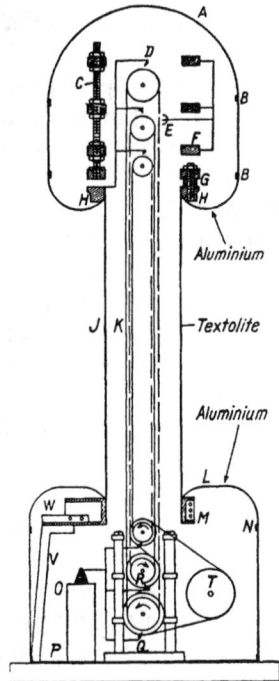

Bild 123. Generator in der Universität Cambridge (USA.).

E und D Abnehmerkämme
A und L Aluminiumschalen
C und G Pertinaxschrauben
K Bänder
J Textolitsäule
T Treibrolle
O Glättungskondensator.

Die Abstände der Sprühkämme des Beladungssystems der Bänder betragen einheitlich 12,5 mm; die Sprühspannung 15 kV oder weniger. Die Sprühkämme werden gespeist über einen regelbaren Totlastwiderstand, der $^1/_4$ des Spannungsabfalles aufnimmt. Von den drei Bändern läuft das mittlere im Sinne, das äußere und innerste im Gegensinne des Uhrzeigers, so daß immer eine positive und eine negative Bandhälfte in einem Abstand von 12,5 mm aufeinanderfolgt. Die folgende Zahlentafel gibt einen Überblick über die Leistungen des Beladungssystems:

Durchmesser der Rollen cm	Drehzahl der Rollen U/min	Lineare Geschw. der Bänder m/s	Breite der Bänder cm	Gemessener Strom μA	Verhältnis des wirklichen zum theoretischen Maximum des Stromes für einfachen Bandtrieb
12,7	4280	28,4	22,2	230	0,74
10,1	5240	27,8	24,8	372	1,24
7,64	6860	28,1	24,8	278	0,97

Das Aufladeschema in der Elektrode geht aus dem Bild 124 hervor. Der abgeschirmte Sprühkamm E ist direkt verbunden mit den Rollen, während die Sprühkämme D parallel liegen und mit der Aluminiumschale A verbunden sind. Das Dreirollensystem ist von der Elektrode A durch 8 Pertinaxschrauben C und G isoliert. Die Stellung des Abnehmers E und jedes anderen Sprühkammes ist sehr kritisch und muß während des Laufes des Generators eingeregelt werden. Biegungs- und Luftreibungsverluste der Bänder hängen wesentlich von der benutzten Bandtype ab. Ein endlos gewebtes Baumwollband erfordert rd. 1 PS mehr Antriebsleistung als ein gummiertes Zeppelinstoffband, wobei allerdings das Baumwollband 1000 μA im Gegensatz zu 600 μA beim Zeppelinstoffband lieferte. Die erreichbare Spannung beträgt etwa 600 kV.

Der Generator arbeitet auf ein Entladungsrohr für Neutronenversuche. Eine geeignete Ionenquelle liefert einen totalen Ionenstrom von 250 μA oder 160 μA Deuteronstrom. Die beigeordneten Apparate bestehen in einem Hochspannungskörper, der äußerlich genau so aussieht wie der Generator, aber im Innern Ionenquelle, Zusatzspannungsquellen und Widerstandsvoltmeter enthält. Die Beschleunigungsröhre ist nach oben aufgesetzt und an der Decke befestigt. Die weiteren Zusatzapparate, z. B. Vakuumpumpen usw. befinden sich in dem Raum über der Decke.

9. Elektrostatischer Generator im Institut für Physik am Kaiser-Wilhelm-Institut für medizinische Forschung von W. B o t h e und W. G e n t n e r [19].

Die ursprüngliche Form des Generators nebst seiner Entladungsröhre ist in Bild 124 dargestellt. Die Hochspannungselektrode Z besteht hier nicht aus einer sonst üblichen Kugel, sondern aus einem langgestreckten Zylinder von 58 cm Dmr. aus 1 mm dickem Aluminiumblech, der an beiden Enden durch eine Halbkugel abgeschlossen ist. Mit dieser Elektrode wurden rd. 540 kV erreicht. Da jedoch für spätere Versuche höhere Spannungen sich als erforderlich erwiesen, wird diese Elektrode gegen eine von 120 cm Dmr. bei der gleichen Länge eingetauscht; nunmehr steigt die Spannung auf maximal 1000 kV.

Die Aufladung der Elektrode Z geschieht mittels zweier endloser Bänder B, die über Rollen W von 7,5 cm Dmr. laufen. Letztere bestehen aus V 2 A-Stahlröhren, die auf Pertinaxzylinder aufgezogen sind und in Pendelkugellagern laufen, welche in der Höhe fein verstellbar angeordnet sind, um ein Herunterlaufen der Bänder zu verhindern. In der späteren Ausführung ist die Zahl der Bänder auf 1 reduziert und der Walzendurchmesser auf 15 cm erhöht. Der Eisenkasten *K* enthält die untere Aufsprühvorrichtung und die Walzen. Auf diesem Kasten *K* ruht die Pertinaxsäule *P* von rechteckigem Querschnitt. Sie ist der

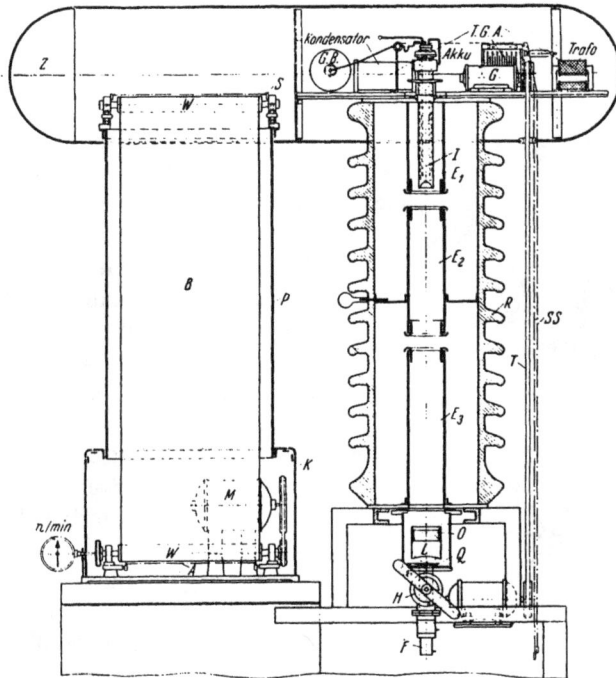

Bild 124. Generator im KWJ. Heidelberg.

Träger des gesamten oberen Aufbaues. Die Drehzahlen betragen bis 5000 U/min, was einer linearen Bandgeschwindigkeit von 19 m/s entspricht. Die Bänder bestehen aus Isolierleinen mit einer einfachen Quernaht. Das Aufsprühen und Abnehmen der Ladung geschieht mittels 0,2 mm starken V 2 A-Stahldrähten. Der maximale Ladestrom beträgt 0,5 mA. Von der aufgenommenen Arbeit des Motors werden (30 bis 40)% in elektrostatische Energie umgesetzt. Die Maschine läuft nur zu Anfang jedes Anlaufes mit Fremderregung; sie arbeitet dann mit Selbsterregung weiter.

Die Anordnung der Kanalstrahlröhre ist hier sehr übersichtlich gestaltet und soll kurz beschrieben werden. Als Röhre ist ein Porzellanisolator von 43,5 cm Dmr. innen und 167 cm Länge benutzt. Auf

beiden Seiten ist sie durch Eisenplatten abgeschlossen. Auf der oberen
Platte innerhalb der Elektrode sind die Zusatz- und Hilfsapparate untergebracht. I ist die Ionenquelle. Die Hilfsspannung zur Erzeugung der
Ionen wird von dem Wechselstromgenerator G über den Transformator-
Gleichrichter-Satz T.G.A. geliefert. Der Antrieb des kleinen Generators
geschieht mittels eines Gummikeilriemens. Die Gaszufuhr wird über
ein Quetschrohrventil aus Neusilber aus dem Gasbehälter GB geregelt
und kann manuell während des Betriebes mittels der Seidenschnüre
nachgestellt werden. Die Beschleu-
nigung der Ionen geschieht in zwei
Hauptstufen zwischen den Elektroden $E_1 E_2$ und $E_2 E_3$. E_1 hat das
Potential der Hochspannungselektrode; E_3 ist auf Erdpotential. Die
mittlere Elektrode E_2 stellt sich von
selbst im Zwischenpotential ein, was
durch eine Sprühstrecke zusätzlich
geregelt werden kann. Dadurch kann
die Schärfe und Größe des Brennfleckes geändert werden. Die Zy-
linderelektroden müssen sorgfältig
auf eine gemeinsame Achse zentriert
werden, da sonst bei Änderung der
Spannung der Brennfleck sich ver-
schiebt. Unten werden die Ionen in
einem Faraday-Käfig F aufgefangen,
der gleichzeitig die Versuchssubstanz
enthält und mit welchem die Strah-
lenintensität gemessen wird. Ein
Metallhahn H dient als Schleuse

Bild 125. Ortsbeweglicher Generator von
E. H. Bramhall.

zum Auswechseln der Versuchssubstanz. Oberhalb des Hahnes kann in
den Strahlengang mittels eines Schliffes eine Quarzplatte eingeklappt
werden, um so durch ein seitliches Fenster O den Brennfleck an der
Fluoreszenz der Quarzplatte zu beobachten. Die Evakuierung der
Röhre geschieht mittels einer rotierenden Ölpumpe und zweier großer
Öldiffusionspumpen.

10. Ortsbeweglicher Hochspannungsgenerator im Massachusettischen
Technologischen Institut von E. H. Bramhall [20].

Dieser Generator besteht aus zwei von den Einheiten, wie eine in
Bild 125 wiedergegeben ist, und zwar für positive und für negative
Aufladung.

Die Hochspannungselektrode hat einen Durchmesser von 61 cm,
besteht aus dünnem, an der äußeren Oberfläche gut poliertem Alu-

miniumblech und ist aus zwei Halbkugeln, deren Trennstellen schräg liegen, zusammengesetzt.

Die freie Länge der tragenden Textolitsäule beträgt 1 m, ihr Durchmesser 30,5 cm bei 3 mm Wandstärke.

Das Beladungs- und Entladungssystem ist aus Bild 126 ersichtlich. Als Ladungstransportmittel wird ein Band, welches zweimal durch die Hochspannungselektrode geführt ist, benutzt. Als Bandmaterial ist Papier, endloses Baumwollgespinst und Gummi mit vulkanisierter Naht untersucht. Bei Papier ist keine passende Verbindung der beiden zusammenzubringenden Enden gefunden worden.

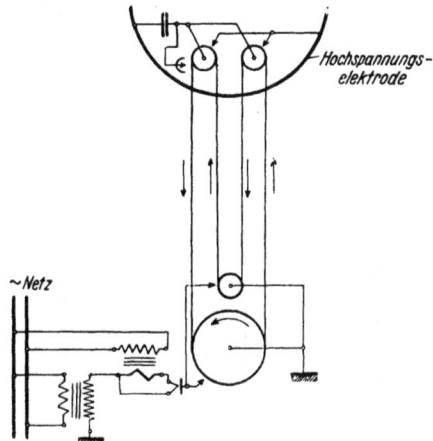

Bild 126. Beladungssystem des Generators
Bild 125.

Die große, treibende Rolle hat einen Durchmesser von 19 cm, die anderen drei einen solchen von 6,3 cm, sie haben zylindrische Form und sind nur an den Enden etwas verjüngt. Die lineare Bandgeschwindigkeit beträgt 36,5 m/s. Dieses entspricht einer Drehzahl von 1100 U/min der großen Rolle oder 3600 U/min der kleinen Rollen. Die Bandbreite ist 19,5 cm gewählt.

Für die Beladung des Bandes sind Sprühspitzen und Sprühdrähte ausprobiert. Hierbei werden die Spitzen elektrisch und die Drähte in mechanischer Hinsicht besser gefunden. Das Beladungssystem ist so eingerichtet, daß zum Zwecke der Umladung des Bandes in der Elektrode die Rolle eine Spannung von ungefähr 20 kV gegen die Elektrode annimmt.

Der entnommene **Strom** beträgt maximal 0,5 mA; die erreichbare Spannung 600 bis 675 kV bei negativer Aufladung und 480 bis 550 kV bei positiver Aufladung.

11. Elektristatischer Generator im Massachusettischen Technologischen Institut in Cambridge von J. G. Trump, F. H. Merrill und F. J. Safford [7].

Diesen Generator, der besonders für transportablen Laboratoriumsgebrauch gedacht ist, zeigt schematisch und in Ansicht Bild 127a und b. Er stellt ein Musterbeispiel sinnvoller und einfacher Konstruktion dar. Die Einzelheiten derselben werden von den Erbauern nach dem Bild wie folgt angegeben.

1. Obere Hochspannungselektrode 76 cm Dmr. und 30,5 cm hoch, hergestellt aus getriebenem Aluminium, zusammengehalten am Äquator durch einen Messingring.

2. Untere geerdete Elektrode ebenfalls aus getriebenem Aluminium, hergestellt mit derselben Form wie der untere Teil der Hochspannungselektrode.

3. Isolatorsäule 97 cm lang, 305 cm äußerer Durchmesser mit 3 mm Wandstärke, hergestellt aus Isoliermaterial, wie Textolit oder Mikanit.

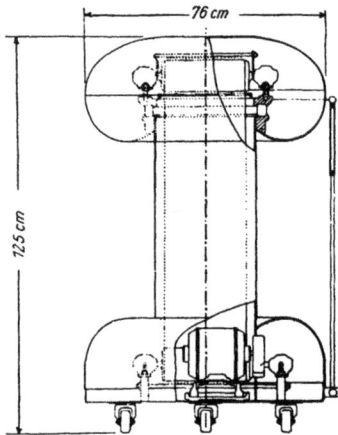

Bild 127 a und b. Ortsbeweglicher Generator im Technologischen Institut in Cambridge (USA.).

4. Oberer Aluminiumrahmen zur Befestigung der Hochspannungselektrode an der Spitze der Trägersäule. Das untere Profil des Rahmens dient als glatter Fortsatz der getriebenen Aluminiumfläche zur Säule.

5. Aluminiumringrahmen, der die obere Rollenanordnung trägt.

6. Gummipuffer 32 mm Dmr., 38 mm lang an vier Punkten aufgesetzt. Zur elektrischen Isolierung des oberen Rollenrahmens von der Elektrode, sowie zur mechanischen Vibrationsisolierung.

7. Genormte Lagerböcke mit Pendelkugellagern.

8. Lagerbockmontageschrauben zum Einstellen der mechanischen Spannung der Ladungsbänder.

9. Isolierstücke als Halter des Koronasprühstabes.

10. Oberer Koronasprühstab, bestehend aus 15 mm Rundmessing, versehen mit Grammophonnadeln im Abstand von 9 mm.

11. Oberer Umlader, ähnlich konstruiert.

12. Antriebsmotor 3450 U/min, $\frac{1}{2}$ PS; für schwereres Bandmaterial oder höhere Geschwindigkeit müssen größere Antriebsleistungen vorgesehen werden.

13. Gewindeverschiebbare Motorbefestigung zum Spannen des Treibriemens.

14. Generatortragrahmen (hergestellt aus genormten 4,8-mm-Winkeleisen) von 78 cm Dmr.

15. Dynamisch ausgewuchtete Hohlstahlrollen von 10 cm Dmr. und 25,4 cm Länge, die sich an beiden Enden auf eine Länge von 7,5 cm mit einer Steigung von 1 : 100 sich konisch verjüngen.

Die Bandbreite beträgt 25 cm; die lineare Bandgeschwindigkeit 25 m/s. Als Band wird ein dreifach endlos hergestelltes gummiertes Gewebe benutzt, das eine Dicke von 2,4 mm und eine endlose Länge von 2,25 m besitzt. Der Abstand der Sprühspitzen vom Band beträgt 6 mm. Die Erregerspannung wird einem 10-kV-Gleichrichtersatz entnommen, seine Schaltung, sowie die gesamte Generatorschaltung ist aus dem Bild 128 zu ersehen. An der oberen Rolle ist eine einfache Umladeschaltung vorgesehen.

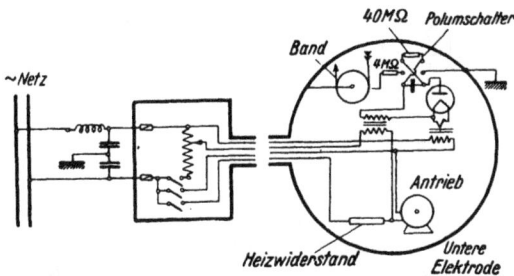

Bild 128. Schaltung des Generators Bild 127.

Die Eintrittsstelle der Trägersäule in den Hochspannungskörper wird als die elektrisch schwächste Stelle erkannt und demgemäß dort die Elektrode nach innen eingezogen gestaltet, um so zu einer gleichmäßigeren Feldverteilung zu kommen. Weiterhin wird die isolierende Trägersäule mit Äquipotentialringen versehen, die aus dünnen Drähten bestehen, um so durch den Koronastrom gleiche Spannungsabfälle zwischen den einzelnen Stufen zu erzwingen.

Die erzielten Ergebnisse des Generators sind vollauf befriedigend. Die Ladungsdichte auf dem Band ergibt sich zu $1,75 \cdot 10^{-9}$ Cb/cm². Als höchste Spannung wird 500 kV erreicht, der größte Strom wird $210 \mu A$. Im Betriebszustand werden der Maschine bei 420 kV 170 μA nutzbarer Strom entnommen.

Die Gesamtkosten des Generators werden mit 325 Dollars angegeben.

12. Whimshurst-Generator mit Ladungstransportbändern. USA.-Patentschrift 2005451. 1935 von Ralph C. Browne [9].

Diese Maschine ist in der Literatur nicht gekannt geworden, hat auch praktisch keinerlei Bedeutung erlangt, da durch die bei diesem

Erzeugungsprinzip (Hauptfeldmaschine mit Nebenschluß) notwendigen, das Hauptfeld überquerenden Ausgleicher, die zur Verfügung stehende Isolationsstrecke auf die Hälfte verkürzt wird. Interessant und lehrreich ist die Ausführungsform insofern, als diese Maschine nach dem altbekannten Influenzmaschinenprinzip arbeitet, jedoch die beiden Platten ersetzt durch Bänder, wie sie bei den modernen Bandgeneratoren üblich sind. Damit eine Elektrizitätserzeugung zustande kommt, müssen zwei

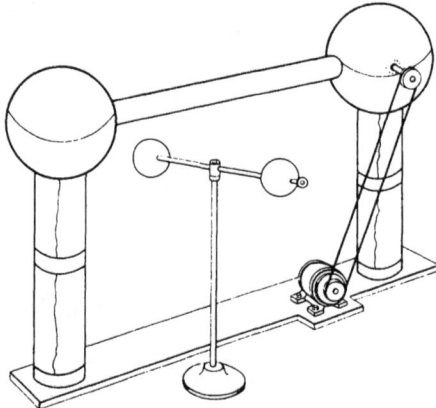

Bild 129. Ausgeführter Hauptfeld-Bandgenerator.

ineinander gegenläufig bewegte Transportbänder (entsprechend den beiden gegenläufig sich drehenden Platten bei der alten Maschine) vorhanden sein. Auf der Strecke zwischen den Abnehmern findet dann die Trennung der Elektrizitäten statt, die dann jeweils ihrem »Conductor« zugeführt wird, so daß der eine sich positiv, der andere sich negativ auflädt. (Das Arbeitsprinzip ist in Kapitel 26 beschrieben.)

Bild 130 zeigt eine Ausführungsform nach der obigen Patentschrift. Die beiden Isolierträger der Hochspannungskonduktoren bestehen aus Bor-Silikatglas oder sind einfache Stützisolatoren. Die Durchmesser der Elektroden betragen 45 cm, die Bandbreiten 12,5 cm. Die lineare Bandgeschwindigkeit ist mit 9 m/s angegeben. Hierbei werden gegen eine kleinere Kugel Entladungsfunken von 150 cm Länge erhalten. Über die beiden Bänder ist noch ein Rohr aus Isolierstoff geschoben, das von der einen bis zur anderen Kugel reicht und mit diesem dicht verbunden ist, so daß in dem entstehenden Raum reines oder komprimiertes Gas geleitet werden kann, wodurch sich die Spannung zwischen den beiden Konduktoren infolge Verkleinerung der Leckverluste vergrößert. Allerdings liegt hier die Erkenntnis, daß durch Ansteigen der Durchbruchfeldstärke mit dem Druck eine vermehrte Ladungsdichte auf dem Band, und somit erhöhte Stromergiebigkeit möglich ist, noch nicht vor. Vielmehr ist nur von einer Verringerung der Leckverluste und der damit

erhöhten Spannung die Rede. In der Mitte zwischen den beiden Bändern
befindet sich eine Glasplatte, die bis in die beiden Elektroden hinein-
ragt. Ihre Aufgabe ist es erstens, die beiden metallischen Ausgleicher
zu tragen, und zweitens ausgleichend und homogenisierend auf die vorhandenen, stark verschiedenen Feldgradienten zu wirken, gleichzeitig
soll sie die Influenzwirkung auf den Bändern verbessern. Damit die
Maschine überhaupt arbeitet, ist eine Minimalentfernung a zwischen

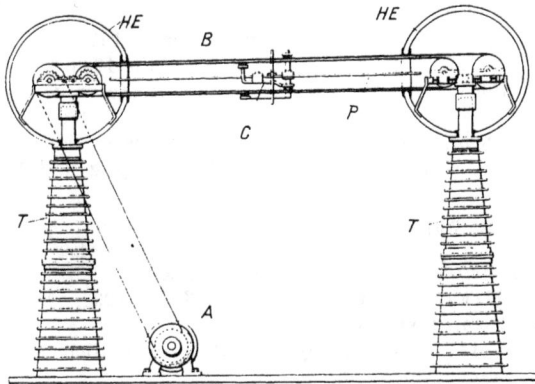

HE Hochspannungs-
    elektroden
B Bänder
T Trägersäulen
A Antrieb
C Ausgleicher
P Glasplatte zum Potensial-
    ausgleich.

Bild 130. Querschnitt des
Hauptfeldgenerators.

den Ausgleichern nötig, und die Maschine arbeitet besser, je größer a
ist. Rücken die Ausgleicher jedoch bei größer werdendem a zu nahe an
die Elektroden heran, so wird die Spannung wieder herabgesetzt, da
dann der Teil der Isolationsstrecke, der kurzgeschlossen ist, zu groß
wird. Es gibt einen günstigsten Wert a. (Hauptfeldmaschine mit Nebenschluß.) Tragen die Bänder Metallsektoren, dann erregt sich die Maschine,
wenn die Elektroden zufällig etwas Ladung besitzen, von selbst. Da
diese jedoch keine größeren Bandgeschwindigkeiten zulassen, gelangen
sie in Wegfall. Bei Anlassen der Maschine ist es deshalb nötig, die
Bänder leicht zu reiben.

Schrifttum.

A. Bücher:

1. R. W. Pohl, Einführung in die Elektrizitätslehre, Berlin 1940.
2. R. Becker, Theorie der Elektrizität. Leipzig und Berlin 1933.
3. K. Küpfmüller, Einführung in die theoretische Elektrotechnik. Berlin 1940.
4. Müller-Pouillets, Lehrb. d. Physik, Bd. IV, 1. Braunschweig 1928.
5. Grimsehl-Tomaschek, Lehrbuch der Physik II, 1. Leipzig und Berlin 1938.

B. Zeitschriften:

[1] H. Schwenkhagen, Elektrizitätswirtschaft 1926/7, S. 300.
[2] P. Kirkpatrick and J. Miyake, Rev. Scient. Instr. 3, 1. 1932.
    P. Kirkpatrick, Rev. Scient. Instr. 3, 430. 1932.
[3] W. Gohlke und U. Neubert, Z. techn. Phys. 21, 217. 1940. Bemerkungen zur Hoch- und Höchstspannungsmessung.
[4] W. Kossel, Zs. f. Phys. 111, 264. 1938. Bemerkungen über elektrostatische Maschinen.
[5] H. Strauch, Phys. Zs. 36, 575. 1935. Rechnerische Betrachtungen über die an Maschinen mit Ausgleicher zu erwartenden Beziehungen.
[6] U. Neubert, Zs. f. Phys. 110, 334. 1938. Selbsterregender, elektrostatischer Generator mit in Preßgas laufenden Ladungsbändern.
[7] J. G. Trump, F. H. Merril and F. J. Safford, Rev. Scient. Instr. 9, 398. 1938.
    Van de Graaff, Generator for General Laboratory Use.
[8] L. C. Van Atta, D. L. Northrup, C. M. Van Atta and R. J. Van de Graaff, Phys. Rev. 49, 761. 1936. The Design Operation and Performance of the Round Hill Electrostatic Generator.
[9] R. C. Browne, USA. Patent. 2, 005, 451. 1935.
[10] I. A. Getting, J. B. Fisk and H. G. Vogt, Phys. Rev. 56, 1098. 1939. Some Features of an Electrostatic Generator and Ion Source for High Voltage Research.
[11] F. Heise, Zs. f. Phys. 116, 317. 1940. Erregungs- und Transportvorgänge an einer selbsterregten Van-de-Graaff-Maschine.
[12] W. Kossel und F. Heise, Zs. f. Phys. 113, 769. 1939.
[13] a) R. G. Herb, D. B. Parkinson and D. W. Kerst, Rev. Scient. Instr. 6, 261. 1935. A. Van de Graaff, Electrostatic Generator Operating Under High Air Pressure.
    b) Phys. Rev. 51, 75. 1937. The Development and Performance of an Electrostatic Generator Operating Under High Air Pressure.
    c) D. B. Parkinson, R. G. Herb, E. J. Bennet and J. L. McKibben, Phys. Rev. 53, 642. 1938. Electrostatic Generator Operating Under Air Pressure.
    d) J. G. Trump and R. J. Van de Graaff, Phys. Rev. 55, 1160. 1939. A Compact Pressure-Insulated Electrostatic X-Ray Generator.

[14] M. Pauthenier et Mme Moreau-Hanot, Bull. Soc. franc. Electr. 6, 775. 1936.

[45] A. F. Joffe and B. M. Hochberg, Journ. of Phys. (Moskau) 2, 243. 1940. Electrostatic Generator und Journ. of Phys. 5, 390. 1941.

[16] M. A. Ture, L. R. Hafstad and O. Dahl, Phys. Rev. 48, 315. 1935. High Voltage Technique for Nuclear Physics Studies.

[17] A. K. Valther, K. D. Silnelnikov und A. J. Taranov, Bull. Acad. Sci. USSR, Ser. Physike Nr. 1—2, S. 13. 1938 (russisch).

[18] R. J. van de Graaff, K. T. Compton and L. C. van Atta, Phys. Rev. 43, 149. 1933. The Electrostatic Production of High Voltage for Nuclear Investigations.

[19] W. Bothe und W. Gentner, Zs. für Phys. 104, 685. 1937. Zs. für Phys. 112, 45. 1939. Eine Anlage für schnelle Korpuskularstrahlen und einige damit ausgeführte Umwandlungsversuche.

[20] E. H. Bramhall, Rev. Scient Instr. 5, 18. 1934. A portable High Voltage Generator of Practical Utility.

[21] W. Baumhammer und P. Kunze, Zs. f. Phys. 114, 197. 1939. Ein horizontal liegender Bandgenerator.

Sachverzeichnis.

Die Gleichrichterschaltungen. Von Dr.-Ing. Walter **Schilling.** 279 S., 121 Abb.
Gr.-8⁰. 1939   Lw 17.50

Die Wechselrichter und Umrichter. Von Dr.-Ing. habil. Walter **Schilling.**
161 S., 83 Abb. Gr.-8⁰. 1940   Lw 12.—

Elektrische Leitungen. Von Prof. Dr.-Ing. A. **Schwaiger.** 220 S., 134 Abb.
8 Zahlentaf. 8⁰. 1941   10.—

Der Schutzbereich von Blitzableitern. Neue Regeln für den Bau von Blitz-
Fangvorrichtungen. Von Prof. Dr.-Ing. Anton **Schwaiger.** 115 S.,
27 Abb. 3 Kurventaf. 8⁰. 1938   5.—

Kurzschlußströme in Drehstromnetzen. Berechnung und Begrenzung. Von
Dr.-Ing. M. **Walter.** 2. Auflage. 167 S., 124 Abb. Gr.-8⁰. 1938 Lw 8.80

Selektivschutzeinrichtungen für Hochspannungsanlagen mit Anleitung zu
ihrer Projektierung. Von Obering. M. **Walter.** 134 S., 77 Abb.
Gr.-8⁰. 1929   6.30

Strom- und Spannungswandler. Von Dr.-Ing. Michael **Walter.** 159 S., 163 Abb.
Gr.-8⁰. 1937   Lw 8.80

Der Erdschluß in Hochspannungsnetzen. Von Ing. Hans **Weber.** 107 S.,
86 Abb. Gr.-8⁰. 1936   5.80

ATM Archiv für technisches Messen. Ein Sammelwerk für die gesamte
Meßtechnik. Herausgegeben von Prof. Dr.-Ing. Franz **Moeller.**
Vierteljährlich erscheinen drei Lieferungen im Format DIN-A 4.
Bezieher, die sich zur regelmäßigen Abnahme verpflichten, zahlen
für jede Lieferung M. 1.50. Mit dem Bezug kann jederzeit be-
gonnen werden. Preis der Gesamtserie: Lieferung 1—120 (Juni
1941), systematisch in 12 Mappen geordnet RM. 270.—. Pro-
spekt kostenlos.

R. OLDENBOURG · MÜNCHEN 1 UND BERLIN

Rechnung mit Operatoren nach Oliver Heaviside. Ihre Anwendung in Technik und Physik. Von E. J. **Berg.** Deutsche Bearbeitung von Dr.-Ing. Otto Gramisch und Dipl.-Ing. Hans Tropper. 198 S., 65 Abb. Gr.-8⁰. 1932   10.---, Lw 12.-

Transformatoren mit Stufenregelung unter Last. Theorie, Aufbau, Anwendung. Von Karl **Bölte** und Rudolf **Küchler.** 182 S., 159 Abb. Gr.-8⁰. 1938   Lw 9.60

Stromrichter unter besonderer Berücksichtigung der Quecksilberdampf-Groß-gleichrichter. Von D. K. **Marti** und H. **Winograd.** Bearbeitet von Dr.-Ing. Gramisch. 405 S., 279 Abb. Gr.-8⁰. 1933   Lw 22. --

Die Technik selbsttätiger Steuerungen und Anlagen. Neuzeitliche schaltungs-technische Mittel und Verfahren, ihre Anwendung auf den Gebieten der Verriegelungen und der selbsttätigen Steuerungen. Von Dipl.-Ing. G. **Meiners.** 225 S., 144 Abb. Gr.-8⁰. 1936   Lw 12. --

Quecksilberdampf-Gleichrichter, Wirkungsweise, Konstruktion und Schaltung. Von D. C. **Prince** und F. B. **Vogdes.** Deutsche Ausgabe bearbeitet von Dr.-Ing. O. Gramisch. 199 S., 172 Abb. Gr.-8⁰. 1931   11.70, Lw 13.50

Lehrbuch der Elektrotechnik. Von Prof. Dr.-Ing. Günther **Oberdorfer.**
  Bd. I: Die wissenschaftlichen Grundlagen der Elektrotechnik. 2. Auflage. 460 S., 272 Abb. 1 Taf. Gr.-8⁰. 1941   Lw 19.50
  Bd. II: Rechenverfahren und allgemeine Theorien der Elektro-technik. 2. Auflage. 381 S., 128 Abb. Gr.-8⁰. 1941   Lw 18.50

Die Ortskurventheorie der Wechselstromtechnik. Von Dr.-Ing. Günther **Oberdorfer.** 88 S., 52 Abb. Gr.-8⁰. 1934   4.50

R. OLDENBOURG · MÜNCHEN 1 UND BERLIN

www.ingramcontent.com/pod-product-compliance
Lightning Source LLC
Chambersburg PA
CBHW070240230326
41458CB00100B/5690